Forststatistik Deutschlands.

Ein Leitfaden

zum

akademischen Gebrauche

von

August Bernhardt,

Königlich preußischem Oberförster, Lehrer an der Forstakademie zu Neustadt-Eberswalde und Abtheilungs-Vorsteher bei der Hauptstation für das forstliche Versuchswesen.

1872

Springer-Verlag Berlin Heidelberg GmbH

ISBN 978-3-642-50347-4   ISBN 978-3-642-50656-7 (eBook)
DOI 10.1007/978-3-642-50656-7

Softcover reprint of the hardcover 1st edition 1872

Vorwort.

~~~~~

Für meine Vorträge über Forststatistik an der hiesigen Forstakademie
bedurfte ich eines Leitfadens, welcher nicht allein das vorhandene
forststatistische Material zusammenzustellen, sondern auch in das
Studium der Statistik überhaupt und namentlich der Forststatistik
einzuführen die Aufgabe hatte.

Ohne die Schwierigkeiten zu unterschätzen, welche einer derartigen
Arbeit, zu welcher es fast an allen Vorarbeiten fehlt, sich entgegen=
stellen, habe ich doch nicht zögern dürfen, meinen Vorlesungen die=
jenige Grundlage zu geben, ohne welche nach meiner Ueberzeugung kein
Zweig der Statistik vom Lehrstuhle herab vorgetragen werden sollte.

Tabellen zu diktiren, statt sie dem Studirenden gedruckt in die Hand
zu geben, halte ich für Verschwendung der so kostbaren Studienzeit.

Wenn ich dieser in erster Linie stehenden Bestimmung der Schrift
gegenüber sie nicht als gedruckte Handschrift für meine Zuhörer be=
handle, sondern dem Buchhandel übergebe, so wird sich dies dadurch
rechtfertigen, daß es an einer Forststatistik Deutschlands, welche nach
dem neuen deutschen Maßsysteme bearbeitet ist, zur Zeit überhaupt
fehlt, daß mein Leitfaden auch vielleicht an anderen forstlichen Hoch=
schulen seine Dienste thun kann und daß es auch außerhalb der
akademischen Kreise manchen Forstmann geben dürfte, welcher seiner
Büchersammlung eine Bearbeitung der Forststatistik einzuverleiben ge=
willt ist. Auch ihm wird die wissenschaftliche Einleitung vielleicht eine
nicht unwillkommene Zugabe sein. Bei einer Wissenschaft, welche, wie
die Forststatistik, kaum die Kinderschuhe ausgetreten hat, darf ein
~~~~~

Versuch, wie der von mir unternommene, den Wissensstoff zu ordnen, zu klären und zugänglicher zu machen, wohl eine gewisse Nachsicht in der Beurtheilung beanspruchen. Jede Berichtigung und Belehrung nehme ich dankbar entgegen und werde sie bei etwaiger späterer Umarbeitung des Leitfadens gewissenhaft benutzen.

An die Herren akademischen Lehrer insbesondere, wie an die Beamten der deutschen Forstverwaltungen richte ich die Bitte, das, was unerforscht auf dem forststatistischen Gebiete ist, der Durchforschung unterziehen, das was unrichtig oder ungenau in meiner Schrift ist, berichtigen zu wollen. Wenn irgendwo, so gilt es hier, mit vereinten Kräften die gewaltige Arbeit, welche auf dem forststatistischen Gebiete zu bewältigen ist, in Angriff zu nehmen. Für jede Beihülfe in meinen Bestrebungen in dieser Richtung werde ich von Herzen dankbar sein.

Hoffentlich ist die Zeit nicht ferne, wo die Forststatistik in Deutschland, angelehnt an die Reichsstatistik überhaupt, eine feste Gestaltung erlangt. Bis dahin, daß dies erreicht sein wird, gilt es, vorzuarbeiten mit aller Kraft und zugleich immer wieder auf die hohe Bedeutung der Sache, auf die tiefe Berechtigung hinzuweisen, welche die Forschung auf diesem Gebiete hat, auf die Nothwendigkeit endlich, in der Kenntniß des eigenen Wirthschaftsgebietes nicht zurückzubleiben gegen alle angrenzenden Gebiete.

Geschrieben im November 1871.

August Bernhardt.

V

Inhalt.

Verzeichniß der Tafeln.

Berichtigungen.

S. 66 vor Tafel VIII ist einzuschieben:

„XI. Gesammtfläche, Waldfläche, Einwohnerzahl.“

Daf. in Tafel VIII ist in der Rubrik „Waldfläche“ zu setzen,

bei Reuß ä. L. statt 27,474 11,462

bei „Reich“ statt 13,940,541 . . . 13,924,529.

Erster Theil.
Allgemeine Einleitung.

———

I. Begriff und Wesen der Statistik.

Statistik[1]) ist die Darstellung des heutigen Zustandes (status) eines Gebietes, eines Staates oder einer Staatengruppe in allen seinen Beziehungen. Sie ist gleichsam ein photographisches Abbild des Gesammtlebens eines Gemeinwesens, die kurz und übersichtlich zusammengefaßte Kenntniß aller derjenigen Verhältnisse, welche für die politische, gesammtwirthschaftliche und auch für die sittliche Fortentwickelung eines Volkes, eines Staates von Bedeutung sind.[2])

Die Statistik ist eine Wissenschaft, insofern sie den methodisch gewonnenen Stoff nach durchgreifenden Hauptgedanken, nach einem Systeme ordnet und zusammenstellt, die Resultate nach jenen Hauptprincipien vergleicht und nicht nur in Bezug auf ihre Gleichzeitigkeit und relative Gestaltung in der Jetztzeit zusammenstellt, gleichsam an dem mittleren Niveau der Zeit mißt, sondern auch durch die Darstellung des früheren Zustandes stufenweise die Gesammtentwickelung fixirt und in einem Bilde vereinigt.

Neben dieser selbstständigen Stellung in dem Kreise der Wissenschaften hat die Statistik eine bedeutsame Funktion zu erfüllen als Hülfswissenschaft aller übrigen Wissenschaften.

———

[1]) Roscher, System der Volkswirthschaft I. 32 nennt das statistische Bild bezeichnend: „den Durchschnitt des Stromes“; Schlözer bezeichnet die Statistik als „stillstehende Geschichte“.

[2]) Der Ausspruch Cicero's „Um über das Gemeinwesen Rath zu pflegen, bedarf es vor Allem, daß man dieses Gemeinwesen kenne“ bezeichnet die Bedeutung der Statistik für den Staatsmann scharf. Wir fassen freilich den Begriff derselben etwas weiter.

So wie jedem Einzelmenschen, welcher sich fortzuentwickeln bestrebt ist, Selbsterkenntniß nothwendig, sowie in allen Dingen das
„Erkenne dich selbst" der griechischen Philosophen als die Summe
menschlicher Weisheit zu betrachten ist, so bedarf nicht minder die Ge-
sammtheit, die bürgerliche Gesellschaft, der Staat der Kenntniß des
Gewordenen, der Ursachen, warum es so geworden, um in der rechten Weise auf dem Bestehenden fortzubauen, Versäumtes nachzuholen,
Falsches auszuscheiden.

Steht uns objectiv gegenüber, was geworden, was erreicht und
was verfehlt worden ist, so tritt das Erstrebenswerthe klarer hervor,
ja die großen Ziele staatlicher und wirthschaftlicher Fortentwickelung
werden nur so dem Bewußtsein Aller nahe gebracht.

So wird die Statistik eine wichtige Hülfswissenschaft für jene Gruppe
von Wissenschaften, welche den Staat betreffen. Sie ist es nicht minder den Wirthschaftswissenschaften, welchen sie das Bild der heutigen
Produktion, der Gesammtarbeit eines Volkes auf dem wirthschaftlichen
Gebiete im engen Rahmen entgegenhält, welche sie lehrt, dies Bild
zu verstehen und aus seinen Zeichen das Entwickelungsgesetz abzulesen.
Daß sie in gleicher Weise der Rechtswissenschaft, den gesammten technischen Wissenschaften dient, bedarf kaum der Anführung.

Ihr handelt es sich jedoch keineswegs um die Ermittelung nur
derjenigen Thatsachen, deren Kenntniß den Regierenden oder der
wissenschaftlichen Arbeit nöthig ist. In den Bereich ihrer Forschung
zieht sie gleichmäßig diesen Stoff mit allem dem anderen, welcher aus
der Einzelexistenz des Menschen, aus den Verhältnissen der Familie,
der Gemeinde u. s. w. sich ergiebt. Sie will die gesammte politische
Thätigkeit des einzelnen Staatsbürgers ebenso wie seine wirthschaftliche
Arbeit, wie die Arbeit des Staatsbeamten durchleuchten, sie will vor
Allem jedem Einzelnen das wirthschaftliche Gebiet, in dem seine eigene
Existenz sich bewegt, klar darstellen, ihm die Stellung zum Bewußtsein
bringen, welche er selbst in dem Erwerbsleben, in dem Verkehr, in
der Gesammtentwickelung einnimmt.

Bei strenger Abgrenzung des Gebietes der Statistik sind es nur
die Thatsachen, welche sie ergründet, nicht die Ereignisse, das
Gewordene, nicht das Werdende; ausgeschlossen ist überall die
Lehre, Ansicht oder Anschauung. Sie ist darum die positivste
aller Wissenschaften; sie hat es immer nur mit konkreten Verhältnissen zu thun, Abstraktionen sind ihrem Gebiete fremd und stets
denjenigen Wissenschaften zu überlassen, welchen sie im gegebenen
Falle dient.

Allein so rein tritt uns die Statistik fast nirgends entgegen. Es liegt zu nahe, auch nach den Ursachen zu forschen, warum die Zustände so geworden sind, wie sie sind; es ist zu verlockend, aus der Vergleichung der Zustände auf den verschiedenen Entwickelungsstufen das Entwickelungsgesetz abzuleiten; es erregt ja gerade der kausale Zusammenhang des Werdens, welcher gleichsam eingeschlossen in der Form des Gewordenen uns entgegentritt, in hervorragender Weise unser Interesse und es ist schwer, hier die Untersuchung abzuschließen und zu beschränken, wo die letzte verschlossene Thür uns das Gesetz verhüllt.

In Wahrheit hat auch die wissenschaftliche Statistik schon seit lange Beides, Erforschung der Ursachen und des Gesetzes, in den Bereich ihrer Thätigkeit gezogen.

Sie entwickelte sich dadurch zu der Wissenschaft, welche die zu einer gegebenen Zeit bestehenden menschlichen Zustände (und zwar vorzugsweise die in einem bestimmten Wirthschafts= oder staatlichen Gebiete vorhandenen Zustände) mit möglichster Genauigkeit und Wahrheit darstellt, damit aber Einsicht gewährt in die Thatsachen, ihre nächsten Ursachen und die natürlichen Gesetze der veränderlichen Erscheinungen.[1])

1) Die Thatsachen sollen durch die Ursachen des Werdens beleuchtet und verständlich gemacht werden. Letztere sind also nur, insoweit sie diesem Zwecke dienen, zu entwickeln. Objectiv kann hierfür Maaß und Grenze nicht gegeben werden. Wissen und Wahrheit sind überall eins und es ist Spielerei, aus formalen und systematischen Gründen überall schärfste Abgrenzung der einzelnen Wissensgebiete zu erstreben und zu verlangen. Maaß und Beschränkung ergiebt sich der ernsten, gewissenhaften Arbeit überall von selbst.

2) Die Kenntniß der Zustände erfordert als nothwendige Voraussetzung Kenntniß der Untersuchungs=Methode. Hauptaufgabe der wissenschaftlichen Statistik ist daher die Ausbildung der Methode der Erhebung.

3) Die wissenschaftliche Statistik äußert sich:

    a) als reine oder darstellende Statistik, wenn sie nur die Zustände eines Gebietes, sowie sie genau gleichzeitig sich gestalten, darstellt (Durchschnitt des Stromes an verschiedenen Stellen);

    b) als vergleichende Statistik, wenn sie die Zustandsbilder

---

1) Vergl. R. v. Mohl, Geschichte u. Literatur der Staatswissenschaften III. 645.

verschiedener Gebiete oder Entwickelungsstufen vergleicht, nach ihrer gegenseitigen Gestaltung prüft, gleichsam in ihren Abweichungen von der Mittellinie darstellt;

c) als angewandte Statistik, indem sie die Ursachen des Werdens, die Gesetzmäßigkeit der Entwickelung ergründet, die zu erstrebenden Ziele klarstellt und somit hinübergreift in die sämmtlichen wissenschaftlichen Gebiete, auf denen die Mittel zu finden sind, um jene Ziele zu erreichen.

II. Begrenzung und Theilung des Gebietes der Statistik.

So wenig scharf die Grenzen des Gebietes, auf welchem die Statistik arbeitet, zu fixiren sind, so bedarf es dieser Begrenzung dennoch, weil dem Principe der Arbeitstheilung auch hier Rechnung zu tragen ist. Aus demselben Grunde ist eine Theilung des Gebietes nothwendig.

Von den ihr verwandten Disciplinen der Geschichte, Erdkunde und Politik ist die Statistik loszulösen, ohne daß sie die enge Verbindung aufzugeben hätte, in welcher sie mit ihnen allen steht.

Ist die Statistik stillstehende Geschichte (Schlözer), so ist das statistische Bild eines der zahlreichen Blätter, aus welchen die geschichtliche Forschung ihr großes Bild der menschlichen Entwickelung zusammensetzt; die Aufgabe der Geschichte aber geht viel weiter. Aus dem Hintergrunde des Zustandsbildes läßt sie Gestalten der Individuen, nach ihrer Bedeutung für die Gesammtentwickelung geordnet, hervortreten. Ihr ergiebt sich der historische Grundgedanke hauptsächlich aus der Entwickelung des Menschengeschlechtes, repräsentirt durch das Individuum, durch die Spitzen, durch die Besten oder Schlechtesten, welche den Geist der Zeit im Guten oder Bösen prägnant darstellen und dazu berufen waren, unmittelbar und bestimmend einzugreifen in den Gang der Entwickelung.

Sehr verwandt ist die Statistik der Erdkunde. Aber die letztere zieht in den Bereich ihrer Forschung auch das ewig Feststehende in der Natur unseres Planeten, seine Stellung im Raume, sein Bewegungsverhältniß zu allen anderen Erdkörpern; seine Oberflächengestaltung, Hydographie, die Beschaffenheit des Luftmeeres und seine Bewegungen, die Gestaltung des Pflanzen- und Thierlebens auf der Erdoberfläche u. s. w. sind Gegenstände geographischer Forschung, statistischer nur insofern, als sie unmittelbare Ursachen sind der heutigen Zustände eines Gebietes.

Die sogenannte politische Erdkunde dagegen fällt fast zusammen

mit der Statistik und unterscheidet sich wesentlich nur durch die Anordnung des Stoffes, die Art der Darstellung, den beschreibenden
Charakter, welcher ihr eigen ist.

Der wissenschaftlichen Politik (Staatskunst) dient die Statistik
überall als Grundlage und Ausgangspunkt. Jener ist es zu überlassen, aus dem Gewordenen die Mittel abzuleiten, durch welche
die menschlichen Gemeinwesen den großen Zielen ihrer Entwickelung
entgegengeführt werden sollen. Jene Ziele sind theils abstracte, aus
dem sittlichen Bewußtsein sich ohne Weiteres ergebende, an und für
sich feststehende, theils concrete, aus den vorhandenen Zuständen, den
gegebenen Verhältnissen abzuleitende. Nur die letzteren sind aus dem
statistischen Bilde abzulesen. —

Bei der Theilung des Gebietes der Statistik wird zweckmäßig die
Verschiedenheit der Beziehungen, in welchen der Mensch zum Menschen oder zu dem sittlichen Principe oder endlich zu der ihn
umgebenden Natur steht, festgehalten. Es ergeben sich dann folgende Reihen einzelner statistischer Disciplinen:

1. Zustand des Menschen in seinem Verhältnisse zur Religion
(Gottbewußtsein und sittliches Princip).

Statistik der religiösen Bekenntnisse, der Religionsgenossenschaften,
der kirchlichen Organisation u. s. w.

2. Zustand des Menschengeschlechtes im Allgemeinen und in dem
Verhältnisse des Menschen zum Menschen.

a) Bevölkerungsstatistik (incl. Bewegung der Bevölkerung).

b) Statistik der Krankheiten.

c) Statistik des Menschen als Rechtssubject. Allgemeine Besitz-
statistik, Statistik der Arten des Eigenthums, Statistik der
strafbaren Handlungen, der Rechtsstreitigkeiten u. s. w.

d) Genossenschaftsstatistik.

e) Statistik der staatlichen Einrichtungen zur Erreichung der
Staatszwecke incl. der Verfassungsstatistik.

3) Zustand des Menschen in seinem Verhältnisse zu der ihn umgebenden Natur.

a) Statistik der Wirthschaft in ihren Aeußerungen als:

α) werth- (güter-) erzeugende oder occupirende

β) güterumformende

γ) güterbewegende

Thätigkeit

ad α) Statistik der Urproduktionen, der Landwirthschaft, Forstwirthschaft, Fischerei, Jagd, des Bergbaues

ad β) Statistik der Gewerbe, der Technologie, der Industrie

ad γ) Statistik der Kommunikationsmittel, des Handels, der Preise, der Tauschmittel (des Geldes und der Geld-Institute).

III. Forststatistik.

Die Forststatistik ist die Darstellung des heutigen Zustandes des Waldbesitzes, der Waldwirthschaft und der Waldgewerbe (die Waldprodukte umformenden Gewerbe). Ihre Stellung in dem Gesammtgebiete der Statistik ist oben angedeutet. Sie ist nicht identisch mit der Statistik der Forstwirthschaft (3aᵃ); letztere ist nur ein Theil der Forststatistik, welche in den Bereich ihrer Forschung auch den Waldbesitz und den Schutz desselben, sowie die gegen denselben gerichteten strafbaren Handlungen, endlich die Bedeutung des Waldes für die Allgemeinheit und diejenigen staatlichen Maßregeln zieht, welche zur Erfüllung des Staatszweckes auf diesem Gebiete zu ergreifen sind. Die Forststatistik stützt sich ferner auf die meisten der sub 2 und 3 (II) angeführten statistischen Disciplinen, indem sie z. B. aus der Bevölkerungsstatistik das numerische (Flächen-) Verhältniß des Waldes zur Bevölkerung entnimmt und daraus die Ansprüche entwickelt, welche zur Zeit an die forstliche Production gestellt werden müssen; indem sie ferner aus der allgemeinen Gewerbestatistik und Handelsstatistik alles dasjenige benutzt, was sich auf die Umformung und den Transport der Waldprodukte bezieht, von der Statistik des Bergbaues die Menge der fossilen Brennstoffe (Ersatzbrennstoffe), von der Statistik des Hüttenbetriebes den Bedarf an Holzkohle u. s. w. erfährt, aus der landwirthschaftlichen Statistik aber die Kenntniß aller derjenigen Landeskulturverhältnisse entnimmt, welche so bestimmend auf die Verwerthung der Waldprodukte, auf die forstlichen Wirthschaftsziele, auf die Gestaltung solcher Nutzungen einwirken, welche Subventionen der Landwirthschaft darstellen (Weide, Gräserei, Streu u. a. m.).

Indem so die Forststatistik fast von allen statistischen Disciplinen Belehrung empfängt, trägt sie ihrerseits zur Vervollständigung und Abrundung jener Disciplinen wesentlich bei. Es würde ungereimt sein, sie loslösen zu wollen von jenen. Das Princip der Arbeitstheilung, richtig aufgefaßt, fordert und gestattet dies in keiner Weise. Der Mensch in allen seinen Beziehungen, so mannigfach sie sind, ist immer untheilbar. An dem Bilde seiner Entwickelung arbeiten alle Statistiker mit vereinter Kraft. Nur die Ausführung des Bildes im

Einzelnen ist durch Arbeitstheilung geordnet; das Gesammtbild darf über dem Detail niemals vergessen werden.

Es erklärt sich hieraus, warum die meisten Arbeiter auf dem forststatistischen Gebiete bis heute so Untergeordnetes geleistet haben. Ihnen fehlte die Anlehnung an das Gesammtbild, die tiefere statistische Bildung, das volle Verständniß ihrer Mittel und Ziele. Sie trugen Bausteine herbei, ohne die Fähigkeit zu besitzen, sie harmonisch in einander zu fügen. Es kann deshalb nach dem heutigen Stande der Forststatistik (und Statistik überhaupt) von einer wissenschaftlich vollständigen, abgerundeten Darstellung nicht entfernt die Rede sein. Die nachfolgenden Blätter werden eben so oft unerreichte Ziele zu bezeichnen, auf das Wissenswerthe hinzudeuten, als sichere Resultate zu registriren haben.

IV. Geschichtlicher Rückblick.

Als Begründer der wissenschaftlichen Statistik in Deutschland wird nicht mit Unrecht der Göttinger Professor Achenwall (um 1750) bezeichnet.

Zu jener Zeit löste sich die Statistik von den ihr verwandten Wissenschaften los. Es hat allerdings, so lange es Staaten giebt, das praktische Bedürfniß nach Kenntniß des Staatszustandes bestanden. Allein statistische Erhebungen, wie sie den Aufzeichnungen des Augustus über den römischen Staat, den Güterverzeichnissen Karls d. Gr. und später der Territorialherren, dem nach der Eroberung Englands durch die Normannen zusammengestellten Domesday book u. a. m. zu Grunde liegen, sind reinste Aeußerungen der (politischen) Staatsgewalt, nicht Akte der Wissenschaft. Ihnen fehlt die systematische Vollständigkeit und Gliederung; sie betrachten den Menschen nicht als solchen, sondern nur als Steuerproduzenten und wollen nicht das, was die wissenschaftliche Statistik will, nämlich die Grundgesetze der sittlichen, wirthschaftlichen und politischen Entwickelungsgeschichte der Menschheit durch Fixirung des Zustandes auf den einzelnen Entwickelungsstufen beleuchten und begründen.

Achenwall freilich faßt auch noch den Begriff der Statistik dahin, daß sie „die gründliche Kenntniß der wirklichen Merkwürdigkeiten eines Staates" sei, wobei ihm als Staat das erscheint, „was in einer bürgerlichen Gesellschaft wirklich anzutreffen ist"[1]). Aber er ordnet

---

[1]) Staatsverfassung der europäischen Reiche. Göttingen 1752.

doch seinen Stoff methodisch-wissenschaftlich und befindet sich mit seiner Grundanschauung nur im Einklang mit der Strömung seiner Zeit, welche dem Menschen als solchem noch nicht die volle Rechtsfähigkeit, noch nicht das Recht zugestand, sich unbehindert durch den Zwang des staatlichen Lebens diejenige Stellung im Leben selbst zu erringen, welche seinen Mitteln und Fähigkeiten entspricht, einer Zeit, welche im Kameralistenthum prägnanten Ausdruck fand und das Volk mehr als das Object der staatswirthschaftlichen Thätigkeit, des Staatserwerbes, denn als einen vollberechtigten Organismus betrachtete, welcher die staatliche Form für sein Zusammenleben in Erfüllung des Sittlichkeitsgesetzes gewählt hat.

Aus der Achenwall'schen Anschauung und Beschränktheit sind denn auch viele späteren Statistiker nicht herausgekommen, trotzdem die neue Wissenschaft sich rasch genug entwickelte. So Fabri[1]), A. L. v. Schlözer[2]), ja sogar noch Holzgethan[3]) zu einer Zeit, wo eine viel weitere Begriffsbestimmung bereits überall Platz gefunden hatte. „Wissenschaft von der Verfassung des Staates" nannten schon Remer[4]) und Meusel[5]) die Statistik, indem sie natürlich unter „Verfassung" den Innbegriff der wesentlichen staatlichen Einrichtungen verstanden, dies Wort nicht etwa in dem heute gebräuchlichen staatswirthschaftlichen Sinne, oder als Gegensatz von Verwaltung gebrauchten.

Mit Anfang des 19. Jahrhunderts wendeten sich die meisten Statistiker der Ansicht zu, daß die Statistik die Darstellung eines Zustandes sein müsse. Auch Schlözer trat später dieser Ansicht bei. Schon als er den geistreichen Ausspruch that „Geschichte sei fortschreitende Statistik, Statistik stillstehende Geschichte[6])", stand er nicht eigentlich mehr auf dem Achenwall'schen Standpunkte.

Klotz[7]) betrachtet als Aufgabe der Statistik die Darstellung des Staatszustandes, zu dem er freilich auch die auswärtigen Staatsbeziehungen rechnet; ähnlich fassen Mone[8]) und Reden[9]) den Begriff der Statistik.

<hr>

[1]) Parerga statistica. I. Norimb. et Erlang. 1797.

[2]) Theorie der Statistik I. Göttingen 1804.

[3]) Theorie der Statistik. Wien 1829.

[4]) Lehrbuch der Staatskunde. Braunschweig 1786.

[5]) Lehrbuch der Statistik. Leipzig 1792.

[6]) In der oben cit. Theorie der Statistik 1804.

[7]) Theoriae statistices. Lips. 1821.

[8]) Theorie der Statistik. Heidelberg 1824.

[9]) F. W. v. Reden, die jetzige Aufgabe der Statistik in Beziehung zur Staatsverwaltung. 2. Aufl. Wien 1857.

Unterdessen erging es auch dieser Wissenschaft nicht besser, als anderen wissenschaftlichen Disciplinen: Sie verfiel jenem überwissenschaftlichen ächt deutschen Scholastizismus, der zur Lösung einer noch so einfachen Aufgabe alle Probleme des menschlichen Daseins heranzieht und unter einer Masse begriffsspaltender Gelehrsamkeit den einfachen Kern der Sache erdrückt. Solcher Richtung gehörten in der 2. Hälfte des 19. Jahrhunderts Männer wie Fallati[1], Stein[2] u. a. m. an.

Solcher Abirrung gegenüber fühlten scharf denkende Gelehrte, besonders mathematisch geschulte Köpfe, sich zurückgestoßen und flüchteten in das äußerste Extrem der ausschließlichen Zahlendarstellung. Diese Richtung hat Quetelet[3] eingeleitet. Hier tritt uns zum erstenmal die ausgesprochene Absicht entgegen, die Gesetzmäßigkeit zu ergründen, nach welcher die Entwickelung des Menschengeschlechtes erfolgt; hier wird Statistik ein Beitrag zur Naturgeschichte des Menschen, als eines sittlichen Wesens. Quetelet arbeitet ausschließlich mit sehr großen (Durchschnitts=) Zahlen. Im Anschluß an seine Arbeiten haben Moreau de Jonnés[4] und Knies[5] rein mathematisch gearbeitet. In neuester Zeit hat die Statistik, von allen Extremen sich nach und nach freimachend, darnach gestrebt, ihrem wahren Begriffe sich mehr und mehr zu nähern und zugleich im Bewußtsein aller Gebildeten jene hohe und unerschütterliche Stellung erlangt, welche jeder Selbsterkenntniß gebührt.

V. Hülfsmittel der Statistik. Methode der Erhebung. Form der Darstellung.

Der kürzeste Ausdruck für etwas Gewordenes, für einen Zustand ist die Zahl. Sie ist daher das Hauptdarstellungsmittel der Statistik, aber sie ist nicht das einzige. Dies anzunehmen, wäre ein Irrthum. Es hätte dann die Statistik überhaupt nur das darzustellen, was sich zahlenmäßig ausdrücken läßt. Es giebt aber eine Menge von Thatsachen, Verhältnissen, Zuständen, welche durch Zahlen niemals vollständig dargestellt werden können und dennoch dem Gebiete der Sta-

---

[1] Einleitung in die Wissenschaft der Statistik. Tübingen 1843.

[2] System der Staatswissenschaft. Bd. I. Stuttgart und Tübingen 1852.

[3] Sur l'homme et le développement de ses facultés ou essay de physique morale. Paris 1835. und andere Werke.

[4] Elemens de statistique etc. Paris 1847.

[5] Die Statistik als selbständige Wissenschaft. Kassel 1850.

tistik angehören. Für sie muß eine andere Darstellungsweise gewählt werden.

Die Ermittelungen der Statistik betreffen

1) eine Einheit, einen Gegenstand, z. B. die Familie, die Gemeinde, den Staat, ein Forstrevier, eine Fabrik, einen Hafenplatz, ein Individuum

2) die Zustände, Eigenschaften, Verhältnisse dieser Einheiten, z. B. Zahl, Stand, Bildungsstufe, Erwerb der Familienglieder, Ackerbesitz, Waldbesitz, Kapitalvermögen der Gemeinde (als Corporation gedacht); Fläche, Ertrag, Productionsaufwand eines Forstreviers; Arbeiterzahl, Production nach Masse und Werth einer Fabrik; Ausfuhr, Einfuhr, eines Hafenplatzes; Alter, Gesundheit, Körpergröße, Militärfähigkeit u. s. w. eines einzelnen Menschen.

Das Product aus Einheit und Zustand (Einzelzustand, Einzelbeziehung) ist das statistische Element.

Die Statistik gewinnt ihren Stoff durch die örtliche Erhebung. Sobald es sich hierbei, wie in den allermeisten Fällen, um größere Gebiete handelt, bedarf sie eines sehr bedeutenden Apparates, den sie in erster Linie in den Organen der Staatsverwaltung, sodann aber auch in allen denjenigen Kreisen der Bevölkerung findet, welche den öffentlichen Angelegenheiten Interesse entgegentragen und die Bedeutung der Statistik für unsere Gesammtentwickelung begriffen haben. Aus dem Gesagten ergiebt sich, daß die Leitung und Ausführung der statistischen Erhebungen vom Staate ausgehen, daß also die Pflege und Fortbildung der Statistik im Wesentlichen Sache des Staates sein muß. Der Einzelne vermag hier Nichts und selbst die größten Vereinigungen zu statistischen Zwecken würden niemals jene straffe Concentration, jene Vielseitigkeit und dennoch einhellige Planmäßigkeit erreichen können, welche den Verwaltungs-Organismen eigen ist. Es schließt dies, wie gesagt, die Mitwirkung der Privaten keineswegs aus; es ist diese vielmehr unerläßliche Bedingung des Gelingens, weil die Organe des Staates nur in der eigentlichen Sphäre des Staatslebens zur vollen Bethätigung gelangen können, das statistische Material aber vielfach auf solchen Gebieten zu gewinnen bleibt, welche der Thätigkeit der Staatsorgane sehr fern liegen.

Dies trifft namentlich zu bei allen die Urproductionen, die Gewerbe und den Handel betreffenden statistischen Erhebungen. Alle diese Aeußerungen der wirthschaftlichen Thätigkeit gehen in der Regel von Privaten aus. Der Staatsgewalt fehlt jedes Mittel, das statistische Material ohne die Mitthätigkeit der Privaten zu gewinnen; denn auch denjenigen Instituten, welche den Verkehr der Behörden und Privaten vermitteln, den land= und forstwirthschaftlichen Vereinen, den landwirthschaftlichen Versuchsstationen, den Gewerbe= und Handelskammern ꝛc. fehlt alle Zwangsgewalt und nur die ihnen innewohnende moralische Autorität vermag in vielen Fällen zum Gelingen wesentlich beizutragen.

In dieser eigenthümlichen Gliederung der statistischen Arbeit beruht eine Schwierigkeit, welche oft die Zuverlässigkeit der Erhebung ganz und gar in Frage stellt. Es muß von den statistischen Centralstellen Vieles ohne Prüfung und Kritik hingenommen werden, namentlich in der Gewerbe= und Handelsstatistik. In der Forststatistik ist diese Schwierigkeit nicht minder groß, soweit sie es nicht mit Staats= und Gemeindeforsten zu thun hat. Angaben über Wirthschaftsflächen, Betriebsarten, namentlich aber über Material= und Geld=Erträge und den gesammten wirthschaftlichen Effekt, über Arbeitsaufwendung und Höhe des Betriebskapitales für die Privatforsten sind nur von den Privatwaldbesitzern zu erlangen. Wenn auch von der hier und da zu Tage getretenen kleinlichen Besorgniß, daß durch genaue und wahrheitsgetreue Angaben namentlich über die Walderträge, ein weiteres Anziehen der Steuerschraube zu befürchten sei, hier ganz abgesehen werden soll, so sind doch die Privatwaldbesitzer oft gar nicht im Stande, jene Angaben genau zu machen, da ihnen eine sorgsame und übersichtliche Buchführung oft fehlt und den Besitzern, namentlich den Kleinwaldbesitzern oft auch die Fähigkeit abgeht, genaue Notirungen zu machen.

Es muß hiernach gerechtfertigt erscheinen, wenn ich es als ein Haupterforderniß zuverlässiger statistischer Erhebungen betrachte, daß dieselben

1) soweit dies angängig, durch die Organe der Staatsverwaltung allein bewirkt werden

2) nach möglichst einfacher Methode, nach Anleitung klarer, nicht komplizirter Formulare vorgenommen und

3) in allen denjenigen Fällen, wo die Angaben von Privaten über den eigenen wirthschaftlichen Betrieb erfordert werden müssen, nur solche Mittheilungen verlangt werden, welche von dem Privatmanne ohne alles Bedenken gegeben werden können.

So hochwichtig es z. B. wäre, über die wahre Verzinsung großer im Gewerbebetriebe arbeitender Kapitalien genaue Angaben zu erlangen, so wird doch in der Mehrzahl der Fälle von denselben Abstand zu nehmen sein, da der Großindustrie=Betrieb sowohl, wie der Großhandel über diese Gegenstände nur unter Aufopferung des Geschäfts=

geheimnisses Auskunft geben kann und dies zu thun, sich stets weigern wird.

4. Wo strenge Gleichzeitigkeit der Erhebung erforderlich ist, wie bei den Volks- und Viehzählungen u. s. w., ist die Betheiligung der gebildeten Staatsbürger in der Weise nothwendig, daß dieselben für diesen einen Fall freiwillig in den Dienst der amtlichen Statistik treten und alle Functionen der Beamten übernehmen. Die Zahl der eigentlichen Staatsorgane ist für solche Fälle weitaus zu gering.

Für die forststatistischen Erhebungen ist eine solche strenge Gleichzeitigkeit niemals erforderlich. Die Resultate der Waldwirthschaft ergeben sich mit Sicherheit erst aus längeren Zeiträumen; das Eigenthum am Walde ist relativ geringen Veränderungen unterworfen und das Waldareal unterliegt bedeutenden Schwankungen innerhalb kürzerer Zeiträume nicht. Es genügt daher bei forststatistischen Erhebungen im Allgemeinen, wenn sie innerhalb eines Jahres durchgeführt werden.

5. Bei allen statistischen Erhebungen ist von vorneherein thunlichst zu trennen

        a) das ganz zuverlässige
        b) das nur annähernd richtige
        c) das arbitrirte

Material.

6. Die einzelnen Gegenstände der Erhebung sind der Art räumlich zu trennen, daß ein jeder Gegenstand auf einem besonderen Zettel erscheint (Zettel-Methode). Werden mehrere eine Wirthschaft, ein Geschäft oder eine Person oder Familie betreffende Gegenstände tabellarisch auf demselben Blatte zusammengestellt, so ist die Anordnung und Zusammenstellung des Materials, welche bei den statistischen Sammelstellen (Bezirksregierungen) oder bei der Centralstelle erfolgt, in zweckwidriger Weise präjudizirt. Nur dann, wenn jedes statistische Element räumlich abgesondert erscheint, hat der den Stoff verarbeitende Statistiker die freie Disposition über die oft nach ganz verschiedenen Principien zu bewirkende Stoff-Anordnung, kann zur Revision und zur Berichtigung jedes einzelne Element jederzeit finden und bedarf des überaus zeitraubenden Heraussuchens derselben aus vielspaltigen Tabellen, in denen zudem Eintragungen in falsche Colonnen und andere Irrthümer selten ganz vermieden werden, nicht.

Bei den forststatistischen Erhebungen hat die Zettel-Methode bisjetzt noch keine Anwendung gefunden und es kann zweifelhaft erscheinen, ob sie bei der besonderen Art derselben der Tabellen-Methode vorzuziehen ist.

Soweit es sich um die Waldungen des Staates, die unter Aufsicht des Staates stehenden Gemeindewaldungen und die größeren, von gebildeten Technikern verwalteten Privatforsten handelt, halte ich die übersichtlichere, weniger mühsame Tabellenmethode für die zweckmäßigere. Bei Erhebungen betreffs des Kleinwaldbesitzes jedoch wird die Zettel=Methode den Vorzug verdienen.

Bei den forststatistischen Erhebungen handelt es sich nicht, wie z. B. bei den Volkszählungen, bei den Viehzählungen u. s. w., um Millionen von statistischen Elementen. Es ist die Zahl der selbstständig bewirthschafteten Waldkomplexe auch die Zahl der Untersuchungseinheiten, welche multiplizirt mit der Zahl der Untersuchungsgegenstände die Anzahl der Elemente ergiebt. Kann nun letztere auch ziemlich groß sein, wie wir weiter unten sehen werden, so geht doch die Gesammtzahl der Elemente selbst für größere Länder (selbst für Preußen) nicht über die Grenze dessen hinaus, was noch vermittelst der Tabellen=Methode klar dargestellt und zugänglich und übersichtlich erhalten werden kann.

7. Die Methode der Darstellung für die Resultate der Erhebungen ist je nach dem Gegenstande derselben eine sehr verschiedene und für jede einzelne Erhebung besonders zu bestimmen. Es ist dabei zu unterscheiden

    a) Beschreibende Darstellung

    b) Darstellung durch Zahlen

    c) Graphische Darstellung

    d) Kartographische Darstellung.

ad a. Dieselbe ist anzuwenden für diejenigen Gegenstände, welche sich weder durch Zahlen, noch graphisch darstellen lassen, z. B. bei Angaben über die Bodenverhältnisse, die Expositionen eines Untersuchungsgebietes, subsidiär neben der Zahlendarstellung auch z. B. bei der Statistik der Waldservituten.

ad b. Die Darstellung in Zahlen ist die bei weitem häufigste und klarste, daher überall, wo sie ausreicht, um den darzustellenden Zustand vollständig auszudrücken, anzuwenden. Alle forststatistischen Erhebungen über Flächen= und Ertrags=Verhältnisse, über den Productionskostenaufwand, das Forststrafwesen, den forstlichen (und holzkonsumirenden) Gewerbebetrieb, die Ersatzbrennstoffe, Holztransport u. s. w. sind in Zahlen auszudrücken und tabellarisch zusammenzustellen.

Hierbei ist als Princip festzuhalten, daß der Umfang der Tabellen niemals so weit gegriffen werden darf, daß die Klarheit und Uebersichtlichkeit derselben leidet. Einer zu weit gehenden Combination der statistischen Elemente in einer Tabelle ist gar kein Werth beizulegen, da Alles darauf ankommt, daß die Tabellen rasch und sicher gelesen werden können.

ad c. Die graphische Darstellung ist besonders anwendbar bei steter Veränderung unterworfenen Zuständen, welche überhaupt nur nach ihrer Veränderlichkeit oder nach Mittelwerthen zum Ausdruck gebracht werden können, wie z. B. Temperatur, Luftdruck, Luftfeuchtigkeit in längeren Zeiträumen, Gütererzeugung, Preisbewegungen, Bewegungen der Bevölkerung, Vertheilung der Bevölkerung nach Ständen u. s. w.

Die graphische Darstellung wird vorzugsweise neben der Darstellung durch Zahlen zur weiteren Verdeutlichung der Erhebungsresultate angewendet. Sie ist zur Interpolation fehlender Zwischenwerthe in hervorragender Weise geeignet, überaus anschaulich, nur selten aber so genau, wie die ziffermäßige Darstellung.

Sie erfolgt hauptsächlich nach zwei Methoden

α) nach Coordinaten bei allen steter Veränderung ausgesetzten Zuständen, welche nach ihrer Veränderlichkeit in längeren Zeiträumen dargestellt werden sollen. Die letzteren werden in Einheiten (Jahr, Monat, Tag, Stunde) auf die Abscissenlinie aufgetragen, der jeweilige Zustand als Ordinate, die ganze Entwickelung durch eine die Endpunkte aller Ordinaten verbindende Curve dargestellt. Es versteht sich, daß streng genommen nur ein einziger Gegenstand in seiner Veränderlichkeit auf diese Weise dargestellt werden kann. Es lassen sich jedoch sehr übersichtlich mehrere Darstellungen dadurch kombiniren, daß auf die Ordinaten die verschiedenen Werthe aufgetragen werden, während die Abscissen konstant bleiben. Die Curven können dann durch verschiedene Farben prägnanter hervorgehoben werden. Dies Verfahren würde beispielsweise anzuwenden sein bei der vergleichenden Darstellung der Bewegung der Bevölkerung, der Kornpreise, der Viehzahl 2c. oder bei der Darstellung des Zuwachsganges verschiedener Holzarten auf demselben Standorte, bei Vergleichung der Veränderungen des Waldareals mit den Bewegungen der Bevölkerung und in anderen ähnlichen Fällen.

β) nach Körpern mit einer konstanten Funktion, so daß nur eine Function oder höchstens zwei (in einer Fläche liegende) dargestellt zu werden brauchen.

Diese Methode ist da anwendbar, wo zahlreiche gleichartige Gegenstände nach ihrem gleichzeitigen Zustande dargestellt werden sollen und es sich um Massen handelt.

Man denkt sich dann jede Masse eingefüllt in einen regulären Körper von konstanter Grundfläche oder Höhe. Die quantitative (stereometrische) Verschiedenheit drückt sich nunmehr durch die Höhe oder durch eine als Grundfläche erscheinende Fläche (lineare und Flächen-Darstellung) aus.

Der lineare Ausdruck ist nur da zulässig, wo es sich um die relative, nicht um die absolute Masse zugleich handelt; in allen anderen Fällen ist nur die Flächendarstellung anwendbar. Soll z. B. die Gesammtproduction eines Landes an Getreide (Weizen, Roggen, Gerste, Hafer) vergleichend dargestellt werden, so kann ich mir die erzeugten Massen aller Getreidearten in regelmäßigen vierseitigen Prismen von der konstanten Höhe H geformt denken. Die Massen gewinnen dann ihren Ausdruck durch die Grundfläche. Werden sämmtliche Grundflächen nach einem bestimmten Systeme zusammengestellt, der größeren Deutlichkeit wegen farbig angelegt, so entsteht ein Gesammtbild der Getreideproduktion. Daß ein verjüngter Maaßstab anzuwenden ist, bedarf kaum der Anführung.

ad d) Kartographische Darstellung.

Sie ist überall da anwendbar, wo es sich um die Darstellung eines Einzelzustandes großer Territorien zu bestimmter Zeit handelt, z. B. der Gesammtbewaldung, der Sprache, der herrschenden Religion, der Bevölkerungsdichtigkeit.

Die Darstellung erfolgt auf in Umrissen gezeichneten geographischen Karten durch Farbenton, Schraffirung, Farbenverschiedenheiten oder durch eine Combination von Farbe und Schraffirung, auch zuweilen, jedoch nicht so zweckmäßig, durch Zeichen und graphische Darstellungen innerhalb des Kartenbildes einzelner Territorien. [1)]

[1)] Eine besondere Art der Darstellung statistischer Objecte durch Verbindung der graphischen und kartographischen Methode hat ein österreichischer Generalstabsoffizier, Wenzel Unschuld (Leitfaden zur darstellenden Statistik auf topographischen Karten, eine praktische Anweisung zur graphischen Uebersichtsdarstellung Alles Lebenden und Industriellen nach dem bestehenden Quantitätsverhältnisse und der territorialen Verbreitung durch topographisch-statistische Karten. Hermannstadt, 1859. Im Selbstverlage des Verf) zur Anwendung empfohlen. Er drückt die gefundene Masse (Bevölkerung, Viehzahl, Ackerland, Wiese, Wald, Fabrikproduction rc.) linear aus, konstruirt die von der Linie abhängigen regelmäßigen Flächen, Quadrate, Rechtecke, Kreise u. s. w., bezeichnet die Unterabtheilungen, z. B. Bevölkerung nach Geschlecht, Alter, Confession; Viehzahl an Rindvieh, Pferden Schafen, Ziegen u. s. w. durch Farben, Schraffirung rc. der konstruirten Figuren und trägt alle diese Bilder auf eine geographische Karte auf. So originell der Gedanke ist, so wird doch eine solche Darstellung in allen Fällen, wo zahlreiche

8) Jede statistische Erhebung bedarf der Revision und Correctur (Rectificationsverfahren).

Die Revision erfolgt durch probeweise Wiederholung der Erhebung (durch Revisions=Commissarien), durch Vergleichung analoger Ermittelung an gleichartigen Objecten, durch kalkulatorische Prüfung aller Zusammenstellungen und durch genaue Controle der Eintragung der Elemente in die Tabellen. Hier treten besonders die Vorzüge des Zettelsystemes hervor, indem nunmehr sämmtliche territorial (nach Provinzen, Bezirken, Kreisen, Gemeinden) und alphabetisch geordnete Elemente jederzeit leicht nachgesehen, verglichen und nöthigenfalls zur Berichtigung einzeln an die erhebenden Behörden zurückgegeben werden können, ohne daß durch die Zurückgabe der ganzen Tabelle die Gesammtarbeit der Centralstelle gehemmt oder unnütze Schreiberei veranlaßt wird.

Auch ist bei den großen statistischen Centralstellen eine Arbeitstheilung nothwendig, so daß jeder einzelne Beamte nur einzelne Erhebungsgegenstände zusammenstellt, revidirt und berichtigt. Schon aus diesem Grunde ist die Isolirung der statistischen Elemente unerläßlich.

VI. Organisation der allgemeinen Statistik und der Forststatistik im Besonderen.

Es ist bereits darauf hingewiesen worden, daß die Ausführung der statistischen Erhebungen im Wesentlichen durch die Organe der Staatsverwaltung unter angemessener Betheiligung der Gebildeten, Gemeinsinnigen aller Kreise der Bevölkerung zu erfolgen hat.

Es folgt hieraus, daß die statistische Centralstelle eine mit den übrigen centralen Verwaltungsstellen organisch verbundene Staatsbehörde sein muß. Ihr ist die gesammte Geschäftsleitung, die Feststellung der Arbeitspläne, der Methode, die Sammlung, Ordnung und Verarbeitung des Materiales, die Revision und Berichtigung der Erhebungen zu überlassen. Sie bedarf des Zusammenhanges mit den übrigen Centralstellen der Staatsverwaltung, um jederzeit durch deren Vermittelung über alle Organe der Staatsverwaltung zu disponiren, soweit deren Zeit nach dem Urtheile der Ressortchefs überhaupt zu solchen extraordinären Arbeiten in Anspruch genommen werden darf; sie bedarf nicht minder des lebendigen Verkehres mit den wissenschaftlichen Anstalten des Landes (den Universitäten namentlich), deren

---

statistische Elemente zu bezeichnen sind, wenig klar und übersichtlich sein und das Verfahren dürfte nur ganz beschänkte Anwendung finden können.

sachverständige Lehrer keinen geringen Antheil nehmen werden an der Fortbildung der Erfahrungsmethoden, an dem wissenschaftlichen Ausbaue der Statistik überhaupt.

Für Preußen besteht eine solche Centralstelle für die amtliche Statistik, zum Ressort des Ministeriums des Innern gehörig, von dem vortrefflichen Geheimen Regierungsrathe Engel meisterhaft geleitet.[1]) Aehnliche Einrichtungen bestehen in einigen anderen deutschen Staaten, ohne daß jedoch deren Organisation als eine durchaus zweckentsprechende bezeichnet werden kann. Die Statistik bedarf, wie kaum irgend ein anderer Zweig der Staatsthätigkeit, einer straffen Concentration. Soll der Vergleich — der bei Weitem wichtigste Theil der statistischen Arbeit — zulässig sein, so ist Einheit der Erhebungsmethode unerläßliche Voraussetzung. Dieselbe wird nur dadurch vollständig erreicht werden, daß das statistische Centralbureau Reichsanstalt wird. Ich halte eine solche Einrichtung auch nur für eine Frage der Zeit.

Aus der Tendenz, die Leitung der statistischen Arbeit mehr zu centralisiren, ist die Errichtung der „statistischen Central-Commission" hervorgegangen.[2]) Sie besteht aus einem vom Minister des Innern zu berufenden Vorsitzenden, aus Kommissarien der einzelnen Ministerien und des norddeutschen Bundeskanzler-Amtes, aus dem Direktor und noch einem Mitgliede des statistischen Bureaus, sechs Mitgliedern des

---

[1]) Auf den Antrag Steins, 1805, errichtet, trat das statistische Bureau erst nach beendigtem Kriege gegen Frankreich kräftig ins Leben. Das Publikandum vom 16. Dezember 1808 ordnete dasselbe dem Ministerium des Innern unter. Ein Königlischer Befehl vom 24. April 1812 stellte das Bureau unter die unmittelbare Leitung des Staatskanzlers. Nach dem Tode des Fürsten Hardenberg wurde das statistische Bureau dem gesammten Staatsministerium unterstellt, am 7. Juni 1844 aber bestimmt, daß dasselbe mit dem neu gegründeten Handelsamte verbunden werden solle (als besondere unter einem Direktor stehende Abtheilung). Durch Erlaß vom 10. Juli 1848 wurde das Bureau wiederum dem Ministerium des Innern untergeben, 1861 eine „Central-Kommission für Statistik" begründet und durch Rescript des Ministeriums des Innern deren Geschäftsordnung festgesetzt. Siehe darüber das Nähere im Texte. Vergl. v. Rönne, preuß. Staatsrecht III., S. 86. Dieterici, Mittheilungen des statist. Bureaus, 1851, Nr. 8 S. 113 fgde. Dr. Engel's Zeitschrift des K. Preuß. statist. Bureaus, 1861, S. 3 fgde; daf. Nr. 3. S. 53 fgde; daf. 1862 No. 7 und 8 S. 161 fgde. Das ehemals zu Hannover bestandene statistische Bureau ist aufgelöst (Bekanntmachung des Oberpräsidenten der Prov. Hannover vom 9 September 1868, Minist.-Bl. der inneren Verwaltung 1868, S. 272).

[2]) v. Rönne, preuß. Staatsrecht III, 87, 88. Minist.-Bl. d. i. Verw., 1870, S. 89. K. Preuß. Staatsanzeiger, 1870, S. 1469.

Landtages, von denen jedes Haus drei zu wählen hat und aus solchen statistischen. Sachverständigen, welche auf Vorschlag der Central=Commission durch den Minister des Innern zur Theilnahme an deren Arbeiten berufen werden.

Die Commission hat die Aufgabe, das einheitliche Zusammengehen aller Staatsverwaltungen zu statistischen Zwecken dahin zu vermitteln, daß auf allen der Statistik zugänglichen Gebieten, sowohl für das Bedürfniß der Gesetzgebung, des öffentlichen Lebens überhaupt, als auch mit Rücksicht auf die Anforderungen der Wissenschaft, nach gleichem Plane und derselben Methode verfahren werde. Die Commission hat sowohl auf Erfordern der Verwaltungs=Chefs, als aus eigener Initiative, über alle, statistischen Einrichtungen und Erhebungen nach Inhalt und Form zu beschließen und soll vor allen größeren Erhebungen gehört werden. Sie findet ihren geschäftlichen Anschluß im Ministerium des Innern und dadurch an die demselben unterstellten Behörden. Mit den übrigen Ministerien vermitteln die der Commission angehörigen Ministerial=Commissarien die Verbindung.

Eine weitere Centralisation findet die deutsche Statistik durch den statistischen Congreß, welcher die Tendenz verfolgt, große Erhebungen in allen deutschen Territorien (ja in den europäischen Kulturstaaten überhaupt) nach einheitlicher Methode anzubahnen und zu ermöglichen.

Dieser bestehenden und hoffentlich bald in angedeuteter Richtung weiter auszubauenden Organisation der amtlichen Statistik in Deutschland gegenüber haben wir uns die Frage vorzulegen, wie die Forststatistik eine feste Gestaltung gewinnen kann, welche ihr bis heute gänzlich fehlt und deren Verwirklichung bisher zu den überaus zahlreichen frommen Wünschen der Forstmänner gehört hat.

Unläugbar scheint mir festzustehen, daß die Forststatistik den Anschluß zu suchen hat an die amtliche Statistik überhaupt, deren Ermittelungen sie vielfach verwenden kann und muß, und von der sie nur einen Bruchtheil ausmacht. Von der Ausbildung der Erhebungs= und Darstellungs=Methoden hat die Forststatistik denselben Nutzen zu ziehen, wie alle übrigen Zweige der Statistik; mit ihren eigenen Ermittelungen hat sie die Lücken auszufüllen, so weit sie ihr Gebiet betreffen, welche in dem statistischen Gesammtbilde bleiben. Daneben mag sie das gewonnene Material in einer angemessenen Weise den Forsttechnikern zugänglich und verständlich machen.

Es bedingt dies die Errichtung einer forstlichen Sektion bei der statistischen Centralstelle, an deren Spitze ein statistisch=wissenschaftlich

geschulter höherer Forstbeamter stehen muß, dem die etwa erforder=
lichen Hülfsarbeiter aus der Zahl der geprüften Oberförster=Candi=
daten beizugeben sind. Der Sectionsdirigent würde gleichzeitig Mit=
glied der Central=Commission sein können, um dem Commissarius des
Finanz=Ministeriums geeigneten Falles zu assistiren.

So würde sich die Organisation gestalten können, wenn das
statistische Bureau und die Central=Commission in ihren jetzigen Ressort=
verhältnissen verbleiben.

Würden diese Behörden Reichsbehörden, träte das statistische Bureau
also als eine Abtheilung in das Reichskanzleramt ein, während die
Central=Commission, verstärkt durch Mitglieder aus Süddeutschland,
oberste berathende und beschließende statistische Reichsbehörde würde,
so müßte der Dirigent der forststatistischen Sektion selbstredend Reichs=
forstbeamter sein und seine ganze Stellung würde sich wesentlich
anders gestalten.

Wie ich bereits bemerkte: Ich halte eine solche Organisation für
die allein richtige; ich glaube auch, daß sie sich — auch für die Forst=
statistik — leicht und ohne erhebliche Mehrkosten wird durchführen
lassen.

Die Reichsverwaltung wird eines forsttechnischen Dezernenten auf
die Dauer bei der Landesverwaltung von Elsaß=Lothringen nicht ent=
behren können. Wenn auch, wie anzunehmen, die obere Leitung der
Reichsforstangelegenheiten dem Chef der preußischen Forstverwaltung
zufallen wird, so wird doch zur Bearbeitung der in die Ministerial=
instanz gelangenden Dienstsachen ein vortragender Rath in derselben
nicht entbehrt werden können. Ich glaube, daß man ohne Ueber=
bürdung diesem Beamten die Leitung des forststatistischen Bureaus
übertragen könnte, wenn ihm einige tüchtige Hülfsarbeiter unterstellt
werden.

Wie aber auch an maßgebender Stelle über die Organisation der
Forststatistik befunden werden möge, das Eine ist im Interesse der
hochwichtigen Sache dringend zu wünschen und zu fordern, daß dieser
Zweig unserer Wissenschaft irgend eine Gestaltung gewinne, welche
gestattet, mit den so lange schon vermißten, kaum noch zu entbehren=
den forststatistischen Erhebungen zu beginnen.

VII. **Das zu bearbeitende forststatistische Material.**

Die Frage, welche Gegenstände von der Forststatistik zu unter=
suchen sind, löst sich einfach, wenn die Beziehungen der Waldwirth=

schaft, ihr Wesen, die ihr eigene wirthschaftliche Thätigkeit klar aufge=
faßt werden. Es sind dabei von vorneherein diejenigen Arbeiten,
welche der Centralstelle anheimfallen, von denen zu trennen, welche
durch örtliche Erhebungen zu ermitteln sind. Diese Unterscheidung
ist von manchen Forstschriftstellern, neuerlich auch von Albert[1])
übersehen worden.

A. Gegenstände örtlicher Erhebungen.

Dieselben haben sich zu erstrecken:

1. Auf die Waldflächen.
2. Auf die Bewirthschaftungsart.
3. Auf die Walderträge.
4. Auf die Produktionskosten.
5. Auf den Werth des Bodens, des Wirthschafts=Inventars, des
   Holzkapitals.
6. Auf den Schutz des Waldeigenthums und die gegen dasselbe
   gerichteten strafbaren Zuwiderhandlungen.
7. Auf die Dispositionsbeschränkungen durch Servituten, Real=
   lasten 2c.
8. Auf die Bewegungen der Waldproduktenpreise.
9. Auf die Ersatzbrennstoffe.
10. Auf den Waldproduktenhandel, Ausfuhr, Einfuhr, Lokalver=
    brauch.
11. Auf die holzkonsumirenden Gewerbe.
12. Auf die Wichtigkeit einzelner Waldkomplexe für das Gemeine=
    wohl.
13. Waldbeschädigungen durch Sturm, Ueberfluthung, Duft=,
    Schnee=, Eisbruch, Insekten, Feuer.

Schon die lange Reihe dieser Hauptrubriken läßt die Größe des
Gebietes, welches zu durchforschen ist, erkennen. Legen wir uns ehr=
lich die Frage vor: Was wissen wir von dem Allem? und antworten
wir eben so ehrlich: Wenig, fast Nichts. Wir kennen kaum die
Flächen, welche heute vom Walde eingenommen werden, in ganz
Deutschland genau genug. Von all' den anderen Gegenständen fehlt
uns jede generelle Kenntniß, welche einen Vergleich zuließe. Ich
glaube, daß Angesichts dieses Bekenntnisses Staat und Wissenschaft
nicht zögern dürfen, das Versäumte nachzuholen.

Es wird die weitere Gliederung des zu bewältigenden Materials
uns mehr und mehr zeigen, welch' ein Arbeitsfeld vor uns liegt.

---

[1]) Die Errichtung forststatistischer Bureaux in der Bauer'schen Monatsschrift
Mai 1871. S. 171 fgde.

1. Flächenerhebungen.

Es sind zu ermitteln

a) Gesammtwaldfläche in ihrem Verhältnisse zur Einwohnerzahl, zur Gesammtfläche, zur Fläche der einzelnen Hauptkulturarten des landwirthschaftlichen Betriebes.

Waldfläche pro 100 Hect. Gesammtfläche. — Waldfläche pro Kopf der Bevölkerung. — Waldfläche pro Familie, d. h. selbstständige Haushaltung. — Ackerfläche (incl. Gärten), mit Angabe des zum Getreide=, Futterkräuter=, Kartoffel=, Gemüse=, Tabaks=, Hopfen=Bau verwendeten Areals. — Wiesenfläche. — Fläche der Weinberge. — Wasserflächen. — Unproduktive Flächen. — Weiden. — Kulturfähige, doch unangebaute Flächen. — Die Kenntniß der Hauptkulturarten der Landwirthschaft nach ihrer Flächenausdehnung ist für den Waldbesitzer wichtig genug, da sie das Verhältniß der Landwirthschaft zur Wald=wirthschaft, die Ansprüche bedingen, welche erstere an letztere stellt. Mangel an Wiesen, ein landwirthschaftliches Betriebssystem, welches den Futterkräutern nur geringe Flächen einräumt, eine Bodenbeschaffen=heit, welche denselben ausschließt oder nur in geringer Ausdehnung zuläßt, drängen auf Gewährung von Waldweide; Tabaks=, Wein= und Hopfenbau, welche die Bodenkraft auf das Höchste ausnutzen und keine Streumittel gewähren, den Getreidebau und der Stroherzeugung aber den besten Boden entziehen, führen zu dem Verlangen nach Waldstreu u. s. w.

b) Waldfläche nach Besitzkategorien.

Staatswald. — Ungetheilter Wald, an welchem der Staat be=theiligt ist. — Gemeindewald unter Staatsoberaufsicht. — Gemeinde=wald, derselben nicht unterworfen. — Wald der Stadtgemeinden, der Landgemeinden. — Institutenwald (unter Staatsoberaufsicht; nicht unter derselben). — Privatwald und zwar getrennt nach genossen=schaftlichem und Einzel=Besitz, unter Staatsoberaufsicht oder nicht, zum befestigten Grundbesitz gehörig oder nicht u. s. w.

c) Waldfläche nach der Lage.

Waldfläche des Hochgebirges, — des Berglandes (über 500 M.) — des Hügellandes (100—500 M.), — des Binnenflachlandes, — des seenahen Flachlandes. — Waldfläche in den Quellgebieten, — Schutzwaldungen, — Küstenwaldungen, — Waldungen in der Um=gebung großer Städte.

d) Waldfläche nach Hauptwaldgebieten.

Die einschläglichen Zusammenstellungen werden bei der Central=stelle zu fertigen und nur da, wo sich Lücken finden, örtliche Er=

hebungen zu veranlaſſen ſein.

e) Waldflächen nach der Bodenbeschaffenheit.

Als Hauptrubriken treten hier einerſeits

Abſoluter Waldboden. — Zur landwirthſchaftlichen Kultur (nachhaltig) benutzbarer Boden,

andererſeits

Zur Waldfläche gerechnete ertragsunfähige, — ertragsfähige Flächen,

endlich

Waldfläche im Schwemmlande — auf dem Urboden und zwar nach den Hauptbodenarten gegliedert, auf.

f) Waldflächen nach der Benutzungsart,

zur Holzzucht, — zu ausſcheidbaren Wegen ꝛc., — zu Forſtdienſtland, — zu Betriebsgebäuden, — zur dauernden landwirthſchaftlichen Be-nutzung, — zur Gewinnung von Nebennutzungen verwendet.

2.g) Bewirthſchaftungsart
(nach Flächen).

Holzart, Betriebsart (Plenterwald, Hochwald, Mittelwald, Nieder-wald, Hackwald, Waldfeldbau, Röderland, Kopf- und Schneideholz-wirthſchaft), Umtrieb, Verjüngungsmethode.

3. Walderträge.

h) Bruttoerträge.

Holzmaterialertrag an Bau- und Nutzholz, Derbbrennholz, Reiſer-holz, Stockholz. — Materialertrag pro Hectar. — Bruttogeldertrag.

Ertrag der Nebennutzungen, welcher dem Waldbeſitzer zufließt — Nebennutzungswerthe, welche den Waldanwohnern zufließen.

i) Erndtekoſten.

Holzhauerlöhne. — Holzbringerlöhne. — Erndtekoſten der Neben-nutzungen.

k) Erndtekoſtenfreier Bruttoertrag.

4. Produktionskoſten.

l) Jährliche Produktionskoſten.

Steuern. — Koſten der Verwaltung, des Schutzes. — Kultur- und Wegebau-Koſten. — Eingatterungen. — Waſſerbauten. — Grenz-erhaltungskoſten u. ſ. w.

m) Periodiſche Koſten,

für Betriebsregelungsarbeiten incl. Vermeſſungen. — Koſten der Waldſtandsreviſionen. —

5. Werth des Bodens, des Wirthschafts-Inventars, Holzkapitals.

n) Bodenwerth.

Bodenerwerbungswerth des absoluten Walbbodens. — Bodenkauf-
werth bei anderen Waldböden.

o) Werth des Wirthschafts-Inventars

der Forstdienstwohnungen — Klenganstalten — Holztransportvor-
richtungen — Kulturgeräthe — Transportgeräthe — Rodemaschinen
u. s. w.

p) Werth des Holzkapitals.

Verkaufswerth der älteren (verwerthbaren) Holzbestände, Begrün-
dungswerth der jüngeren, letzterer verglichen mit dem Bestandserwar-
tungswerthe.

Die Berechnung ist nach aus großen Durchschnitten gewonnenen
Werthen zu bewirken.

6. Forstfrevelstatistik.

Sie ist nicht eigentlich Gegenstand örtlicher Erhebung, da sie sich
einfach aus den Büchern der verwaltenden Beamten ergiebt und nur
jährlich ein kurzer Auszug aus diesen Büchern an die statistische Centralstelle einzusenden ist.

Aehnlich verhält es sich mit der

7. Statistik der Dispositionsbeschränkungen.

Es sind jedoch hierbei folgende Rubriken festzuhalten und ist das
Material, wenn nöthig, durch örtliche Erhebung zu gewinnen.

Holzberechtigungen. — Weideberechtigungen. — Streuberechtigungen.
Harzscharren. — Gräsereirecht. — Mastgerechtigkeit. — Sonstige Berechtigungen. — Reallasten (Deputatholzlieferungen, Verpflichtung zur
untertaxmäßigen Abgabe von Sägeblöcken u. s. w.)

Bei jeder einzelnen Berechtigung ist zu ermitteln: Zahl der Be-
rechtigten. — Grundbesitz nach Kategorien aller Berechtigten (ohne
Grundbesitz — unter 2 Hect. von 2—5, von 5—10, von 10—20,
von 20—30, über 30 Hectaren). — Werth der Berechtigung für den
Berechtigten. — Werth der Objecte derselben für den Waldbesitzer. —
Schaden, welcher dem Letzteren durch die Berechtigung erwächst. —

Eine solche Statistik der Dispositionsbeschränkungen würde von
größtem Werthe für die Staatsbehörden und Gesetzgeber nicht allein,
sondern auch für jeden Waldbesitzer sein. Mit Unrecht, wie mir
däucht, erstrebt man die vollkommene Herstellung des reinen, durch
keine Beschränkung getrübten Eigenthums in denjenigen Fällen, wo

dieselbe, ohne einen wirthschaftlichen Nachtheil von erheblicher Bedeutung zu beseitigen, die Gesammtgütererzeugung der Waldwirthschaft
vermindert. In welchen Fällen die Servitut-Ablösung letzteres bewirkt, ohne Ersteres zu erreichen, kann nur die Statistik lehren.

8. Statistik der Waldproduktenpreise.

q) Holzpreise.

Bau- und Nutzholzpreise. — Brennholzpreise (Kloben, Reiser,
Stockholz). — Preise der kleinen Nutzhölzer. — Es sind überall die
mittleren Markt- (Licitations-Durchschnitts-) Preise anzunehmen.

r) Preise der Nebennutzungen.

9. Statistik der Ersatzbrennstoffe.

s) Förderung von Ersatzbrennstoffen.

Steinkohle. — Braunkohle. — Torf.

t) Zufuhr und Ausfuhr der Ersatzbrennstoffe
aus s und t ergiebt sich der Verbrauch im Gebiete.

10. Waldproductenhandel.

u) Holzhandel.

Großholzhandel und demselben zufallende Holzmasse. — Ausfuhr. —
Einfuhr. — Kleinholzhandel (zur Deckung des Lokalbedarfs ohne
weiteren Transport des Materials). — Lokalverbrauch (unmittelbarer
Verkauf an die Consumenten). — Rindenhandel.

v) Handel mit Nebennutzungen.

Waldfrüchte. - Moos zur Fabrikation künstlicher Blumen und zu
Bürsten. — Schwämme u. s. w.

11. Statistik der holzkonsumirenden Gewerbe.

w) Direct konsumirende Gewerbe.

Gerbereibetrieb. — Bergbau. — Eisenbahnbetrieb. — Eisenhütten-
betrieb. — Glashüttenbetrieb. — Die mit Holz oder Holzkohlen
arbeitenden Kleingewerbe. — Holzpapierfabrikation. — Zündholzfabri-
kation. — Verbrauch an Holz und Rinde. — Erzeugte Produkte.
— Zahl der Arbeiter. — Werth des verbrauchten Holzes. — Werth
der erzeugten Produkte. — Arbeitsrente.

x) Die Gewerbe, welche Harz und Baumsäfte verarbeiten.

Theerschwelerei. — Pechsiedereien u. s. w. — Verbrauch an Holz-
saft und Harz. — Erzeugte Produkte. — Zahl der Arbeiter. — Werth
der erzeugten Haupt- und der Nebenprodukte. — Arbeitsrente.

12. Statistik der holzumformenden Gewerbe.

y) Köhlerei. — Schneidemühlenbetrieb. — Holzumformende Kleinge=
werbe (Löffelschnitzerei. — Fertigung anderer Holzwaaren zum häus=
lichen Gebrauche. — Fertigung von Besen 2c.)

13. Statistik der Schutzwaldungen.

z) Vorhandene Schutzwaldungen.

Hochgebirgsschutzwaldungen. — Waldungen auf den Kämmen und
an steilen, dem Abrutschen ausgesetzten Gehängen des Berglandes. —
Waldungen in den Quellgebieten der Flüsse. — Waldungen auf
Flugsand. — Waldungen, welche im Interesse der Landesvertheidigung
erhalten werden müssen. — Waldungen zur Küstenbefestigung. —
Küstenwaldungen zur Brechung der Luftströmungen. — Waldungen
in der Nähe großer Städte, welche im Interesse der Gesundheitspflege
erhalten werden müssen.

aa) Neubegründung von Schutzwaldungen.

Entwaldete Kämme und steile Gehänge. — Unangebaute Sand=
schollen. — Flüchtige Dünen. — Gefährdete Küsten u. s. w.

Wer der Besitzer solcher Flächen ist, welche zur Begründung von
Schutzwaldungen im Interesse des Gemeinwohls zu verwenden sind,
ist zu ermitteln; ebenso sind die Gründe der Entwaldung, soweit eine
solche stattgefunden hat, sorgfältig zu ermitteln und anzugeben.

14. Waldbeschädigungen durch die Elemente und die frei= lebenden Thiere.

bb) Sturmschäden.

Zeit, Kraft, Richtung des Sturmes. — Geworfene und gebrochene
Holzmasse. — Besondere Beobachtungen.

cc) Wasserschäden.

dd) Duft=, Schnee= und Eisbruch
mit genauer Unterscheidung dieser drei Vorgänge, immer unter Angabe
der gefallenen oder beschädigten Holzmasse, der Zeit, Entstehung und
des Verlaufs der Kalamität.

ee) Feuerschäden.

Zeit, Entstehung, Art des Feuers. — Beschädigte Holzmasse. —
Fläche der Brandstelle. — Etwaige Verletzung von Menschen und
Hausthieren.

ff) Insectenschäden.

gg) Schaden durch andere freilebende Thiere
nach den sich aus dem oben Gesagten ergebenden Rubriken.

15. Statistik der Jagd und Fischerei.

hh) Jagd.

Art und geschätzte Zahl des vorhandenen Wildes. — Art der Jagdnutzung (Selbstnutzung, Administration, Verpachtung). — Abschuß pro Jahr und Werth desselben. — Jagdunkosten (Administrations=kosten; Pachtgelder; Beschußkosten; Treiberlöhne; Kosten für Unter=haltung der Jagdgeräthe und Hunde ꝛc.). — Wildschaden in Geld ausgedrückt nach Schätzung. — Reinertrag der Jagd.

ii) Fischerei.

Art und Häufigkeit der Hauptfischarten. — Art der Nutzung wie sub hh. — Jährlich gefangene Fischmenge und Werth derselben. — Kosten. — Reinertrag.

Es versteht sich, daß nur die Fischereien innerhalb der Waldgrund=stücke hier Berücksichtigung zu finden haben.

B. Arbeiten der forststatistischen Centralstelle.

1. Herstellung einer Uebersichtskarte der Gesammtbewaldung von Deutschland, nach Besitzkategorieen.

2. Herstellung einer Uebersichtskarte der vorhandenen Schutzwal=dungen und derjenigen Flächen, welche im Interesse des Gemeinwohls mit Wald anzubauen sind.

3. Darstellung

der Flächen aller Hauptholzarten,
     "   "   "   Betriebsarten,
     " Waldflächen im Hochgebirge,
     "   "   "   Berglande,
     "   "   "   Hügellande,
     "   "   "   Binnen=Flachlande,
     "   "   "   seenahen Flachlande,
     "   "   "   Quellgebiete der Flüsse,
     "   "   in den Hauptwaldgebieten Deutschlands,

ohne Rücksicht auf die politischen Grenzen (Bairische Alpen. — Land zwischen Alpen und Donau. — Schwäbische Alb. — Schwarzwald. — Böhmerwald und bairischer Wald. — Frankenwald. — Oden=wald. — Haardt. — Saarbrücker Steinkohlengebiet. — Erzgebirge. — Fichtelgebirge. — Thüringerwald. — Spessart. — Rhön. — Hoch=wald und Hunsrück. — Riesengebirge. — Glatzer Gebirge. — Harz. — Hügelland zwischen Harz und Thüringerwald. — Taunus. — Hessisches Bergland. — Westerwald. — Edergebirge. — Eifel. — Norddeutsches Tiefland in Zonen. — Wesergebirge u. s. w.)

4. Darstellung der Gesammterzeugung an
    Nutzholz, Brennholz
und Vergleichung des letzteren, reduzirt auf Wärmeeinheiten, mit den
durch die fossilen Brennstoffe repräsentirten Wärmeeinheiten.

5. Darstellung der Gesammtgewinnung an Nebennutzungen.

6. Berechnung des Gesammtbodenwerthes und Gesammtkapitals
der sämmtlichen deutschen Waldwirthschaften nach großen Gruppen,
nach der Lage, dem Boden, nach Holzart und Betriebsart u. s. w.
        Demnächst
Darstellung des Wirthschaftseffectes (Grundrente, Kapitalverzinsung,
Unternehmergewinn) verglichen mit den Wirthschaftsergebnissen der
Landwirthschaft, Industrie 2c.

7. Zusammenstellung des Holzverbrauchs einiger Großgewerbe=
betriebe, namentlich des Verbrauchs an Eisenbahnschwellen, Gruben=
hölzern, Eichenrinde zum Gerbereibetriebe, an Holzkohle (und Coaks)
zum Eisenhüttenbetriebe.

8. Zusammenstellung des Holzverbrauchs zum täglichen Bedarf und
zu den gewöhnlichen Bau= und technischen Zwecken.
    Verbrauch an Land= und Wasser = Bauholz, Nutzholz. Verbrauch
an Brennholz nach klimatischen Zonen u. s. w.

9. Vergleichung des Gesammtholzverbrauchs mit der Gesammtholz=
erzeugung unter Berücksichtigung der Ersatzstoffe, der Ein= und Aus=
fuhr.

10. Kartographische Verzeichnung der größeren Waldkalamitäten.

11. Zusammenstellung der forstlichen Organisationen, der beim
Wirthschaftsbetriebe beschäftigten Personen.
    Forstbeamte aller Grade. — Holzhauer. — Kulturarbeiter. —
Personen, welche beim Holztransport, beim Holzhandel beschäftigt sind.
— Personen, welche bei Nebenbetriebsanstalten, bei den holzumfor=
menden und holzverzehrenden Gewerben beschäftigt sind.
    Die Familien dieser Personen. — Gesammtgeldverdienst derselben.
    Die Ermittelung hat nach Arbeitstagen pro Jahr zu geschehen.

12. Berechnung derjenigen Waldfläche und Waldproduktion (nach
klimatischen Zonen), welche in Deutschland aus Gründen des Gemein=
wohls und im wirthschaftlichen Interesse als Minimnm zu betrachten
ist und nach dem dermaligen Stande unserer Entwickelung konstant
erhalten werden muß.
    Dies kann als eine der letzten Aufgaben der wissenschaftlichen
Forststatistik betrachtet werden.
    Es mag an diesen Andeutungen genügen. Das ganze Gebiet,

welches statistisch zu durchforschen ist, schon heute, wo in der Sache fast noch Nichts geschehen ist, genau zu begrenzen, die Arbeit schon jetzt bis in ihre Einzelheiten zu zergliedern, ist unmöglich. Auch hier wird jede gelöste Aufgabe zahlreiche neue uns zum Bewußtsein bringen. Mögen wir auch auf diesem Gebiete vor ihrer Fülle und der Schwierigkeit ihrer Lösung nicht erschrecken, sondern mit frischem Muthe das thun, was an uns ist: Mit der Arbeit beginnen!

VIII. Literatur.

Es ist bereits darauf hingedeutet worden, das bis heute in der Forststatistik wenig geleistet worden ist. Es findet dies in der Literatur denn auch entsprechenden Ausdruck.

Neben zahlreichen in den forstlichen Zeitschriften und Vereinsschriften zerstreuten statistischen Einzelangaben, Notizen, Zusammenstellungen sind folgende selbstständige forststatistische Werke zu verzeichnen:

A. Forststatistik von Deutschland.

1. **Maron**, Forststatistik der sämmtlichen Wälder Deutschlands einschließlich Preußens. Berlin 1862.

Eine sehr mittelmäßige, gedankenarme Arbeit, in welcher jedes tiefere Verständniß für die Ziele und Mittel der Statistik vermißt wird. Der amtlich erhobene Stoff ist nicht ohne Werth.

2. Dr. **Ottomar Victor Leo**, Forststatistik über Deutschland und Oesterreich-Ungarn. 1. Lieferung. Berlin 1871.

Da erst eine Lieferung vorliegt, ist eine Beurtheilung des Werkes für jetzt unangängig.

B. Preußen.

3. **Otto von Hagen**, die forstlichen Verhältnisse Preußens. Berlin 1867.

Ein von dem Chef der preußischen Forstverwaltung herausgegebenes statistisch-administratives Handbuch, die Verhältnisse des preußischen Staates vor 1866 betreffend. Die erste wahrhaft werthvolle Arbeit dieser Art in Preußen, deren Herausgabe von der Wissenschaft und Verwaltung gleichmäßig dankbar anerkannt worden ist.

4. **Meitzen**, der Boden und die landwirthschaftlichen Verhältnisse des preußischen Staates nach dem Gebietsumfange vor 1866. Berlin 1869.

Eine sehr sorgfältig und mit voller Sachkenntniß gearbeitete, werthvolle Schrift.

C. Einzelne Theile von Preußen.

5. Burckhardt, die forstlichen Verhältnisse des Königreichs Hannover. Hannover 1864.

Ein gut gearbeitetes statistisch=administratives Handbuch.

6. Tramnitz, über die forstlichen Verhältnisse von Schlesien, in der Festschrift für die 27. Versammlung deutscher Land= und Forstwirthe zu Breslau (1869).

7. von Dallwitz und Wellenberg, die Provinz Preußen in forstlicher Beziehung in der Festgabe für die 24. Versammlung deutscher Land= und Forstwirthe zu Königsberg i. Pr. 1863.

8. von Warnstedt, Beiträge zur forstwirthschaftlichen Statistik der Herzogthümer Schleswig und Holstein in der von v. Reventlow und v. Warnstedt verfaßten Festgabe für die 11. Versammlung deutscher Land= und Forstwirthe. Altona 1847.

D. Baiern.

9. Die Forstverwaltung Baierns. Vom Kgl. bairischen Minist. Forstbureau. München 1861 und ein Nachtrag dazu.

10. Forststatistische Mittheilungen aus Baiern. München 1869.

Vortreffliche Arbeiten, zur Zeit fast unübertroffen in der forstlichen Literatur.

E. Die übrigen deutschen Staaten.

11. Das Königreich Würtemberg. Eine Beschreibung von Land, Volk und Staat. Herausgegeben von dem königlichen statistisch=topographischen Bureau. Stuttgart 1863.

Die Forstwirthschaft ist viel zu kurz (auf 15 Seiten) behandelt.

12. Darstellung der Königlich sächsischen Staatsforstverwaltung und ihrer Ergebnisse. Dresden 1865.

Betrifft nur die Staatsforsten und ist deshalb nur von untergeordnetem Werthe für die wissenschaftliche Forststatistik.

13. Die Forstverwaltung Badens. Carlsruhe 1857. Gut gearbeitete Schrift.

14. Ueber die Forstwirthschaft im Großherzogthum Mecklenburg=Schwerin s. S. 270—281 der Festgabe f. d. 22. Vers. d. Land= und Forstwirthe. 1861.

15. Beiträge zur Statistik des Großherzogthums Sachsen=Wei=

mar=Eisenach. Herausgegeben vom Staatsministerium. Weimar 1865.

16. Stockhausen und Bose, Beiträge zur Statistik des Groß=herzogthums Hessen. 5. Bd. Darmstadt 1865.

17. Die Landwirthschaft und das Forstwesen im Herzogthum Braunschweig. Braunschweig 1859.

18. Hock, Statistische Mittheilungen über die forstwirthschaftlichen Verhältnisse im Herzogthum Coburg. Coburg 1854.

19. Die Land= und Forstwirthschaft des Herzogthums Schwarz=burg=Sondershausen. Eine Festschrift. Sondershausen 1862.

20. Bernhardt, die forstlichen Verhältnisse von Deutsch=Loth=ringen. Berlin 1871.

Bücher von allgemein=statistischem Inhalte, welche dem einleitenden Studium der Forststatistik zu Grunde gelegt, resp. subsidiär gebraucht werden können, sind:

1. R. v. Mohl, die Geschichte und Literatur der Staatswissen=schaften, 3 Bde. Erlangen 1855 bis 1858.

Im III. Bande S. 639—674 sind die sämmtlichen Schriften über den Begriff der Statistik besprochen, dieser Begriff selbst überaus scharfsinnig hergeleitet. Das. S. 409—517, Geschichte und Literatur der Bevölkerungslehre und Bevölkerungspolitik.

2. Ad. Frentz, Handbuch der Statistik. Breslau 1864.

3. v. Viebahn, Statistik des zollvereinten und nördlichen Deutsch=lands. 3 Theile. Berlin 1858—1868.

4. Bienengräber, Statistik des Verkehrs und Verbrauchs im Zollverein, 1842—1864. Berlin 1858—1868. 3 Theile.

5. Zeitschrift des Kgl. preuß. stat. Bureaus.

6. Die Preußische Statistik. Herausgegeben von demselben Bu=reau. Wichtiges Quellenwerk in zwanglosen Heften, in welchem unter A. auch die „Klimatologie von Deutschland" von Dove nach und nach erscheint.

7. Beiträge zur Statistik von Baiern. Von Professor Mayr. München.

Periodische Publikationen, welche wenig Forstliches enthalten.

Zweiter Theil.
Spezielle Forststatistik Deutschlands.

IX. Physiographische Skizze von Deutschland.
1. Bodengestaltung. Hydrographie. Geologische Constitution.

Der ganze Nordabhang des europäischen Centralgebirges ist deut=
sches Land; der Süden und Westen romanisches, der Osten slavisches.

Gegen Norden gehen die deutschen Ströme, das Gebiet in große
Abschnitte zerlegend, die Weichsel, Oder, Elbe, Weser, Ems, der Rhein;
nur die Donau, ihrer ganzen Bedeutung nach dem slavischen Gebiete
angehörend, durchschneidet unfern der Alpenkette das deutsche Land
westöstlich, den einzwängenden Gebirgsriegeln des bairisch=böhmischen
Waldes und der Salzburg=Thyroler Hochberge nachgebend, welche sie
im deutschen Oesterreich durchbricht. Vom Centralpunkt des deutschen
Mittelgebirges ausgehend, schließt endlich der Main, ost=westlich flie=
ßend, das süddeutsche Land ab, der Main, welcher heute nur noch eine
geographische, doch keine politische Grenze bildet, das deutsche Land
widernatürlich zerspaltend.

So bilden sich große Terrainabschnitte, wohl geeignet, unserer
kurzen Betrachtung der physischen Gestaltung unseres Vaterlandes als
Grundlage und Rahmen zu dienen.

a) Das Land zwischen den Alpen und der Donau.
s. Tabelle I.

Steil abfallend aus einer Höhe von fast 2500 M. (Watzmann)
begrenzt das Alpengebirge, der mesozoischen Formation (Jura, Lias)
angehörig, die zur Donau sich erstreckende Platte, welche von zahl=
reichen Flußläufen durchschnitten, bei einer mittleren Höhe von 500
M. über der Nordsee, in gestreckten Terrainfalten ausgeformt, auf
ebenen Stellen Seen und jene ausgedehnten Moorbrücher (Hochmoore,

Moose) enthält, welche in der Kulturentwickelung jenes fruchtbaren Landes eine bedeutsame Rolle spielen. (Torfstiche).

Das Hochgebirge umsäumend, treten neozoische Bildungen (Aeocen, Miocen) auf, in dem der postneozoischen Periode in seiner Hauptausdehnung angehörenden Wellenlande finden sich pliocene Bildungen in den Senken und an den Wasserläufen.

An überall erkennbaren Terrainetagen sind zu unterscheiden:

a) Die Hochalpen, bis zu 2700 M. ansteigend

b) Die sie in einer schmalen Etage umsäumenden Voralpen, bis zu 1500 M. Höhe über der Nordsee ansteigend (Flyschgebirge, Nagelfluhe, Conglomerat)

c) Die bis 1000 M. ansteigenden an das höhere Flyschgebirge anschließenden Vorberge

d) Die Hochebene bis zur Donau.

Letztere, dem Diluvium und Alluvium angehörig, mit erratischen Blöcken, gleich dem norddeutschen Tieflande ausgestattet, besitzt einen Boden von sehr wechselnder Kraft und Beschaffenheit. Wo aus der Vermischung tertiärer Schichten mit den Abschlemmmassen des Diluviums kalkig-lehmige Bodenarten die obersten Schichten bilden, finden Acker- und Waldbau eine Krume höchster Fruchtbarkeit vor. Die jüngsten Ablagerungen von Conglomeraten, Geröllen (Schotter) und Geschieben geben einen kaum bis 1½′ oder 2′ tiefen, trockenen, armen Kiesboden, der in den ausgedehnten Ebenen des mittleren und südlichen Theiles dieses Landstriches vorherrscht, u. A. jene ausgedehnten Heidflächen des Lechfeldes bei Augsburg, in der Umgebung von München u. s. w. bildet.

Die Voralpen und Vorberge haben bei schiefriger Structur der Grundgesteine meist fruchtbaren, rascher Verwitterung fähigen, mergeligen oder thonigen Boden; die an theilweis hoch gelegenen Seen (Königssee, Schliersee, Tegernsee, Kochelsee, Walchensee u. A.) reichen Hochalpen mit ihren hochragenden Wänden, spitzig emporgeschnellten Gipfeln und tief eingeschnittenen Thälern, von dolomitischen, kalkigen Gesteinen gebildet,[1] haben einen meist steinreichen, flachgründigen, kalkigen Boden. Ein kleiner Theil des Gebietes hängt im Westen gegen den Bodensee und das Rheingebiet ein, welchem einige kleinere Wasserläufe zueilen.

---

[1] Nach „die Forstverwaltung Baierns“ S. 17, 18 wird die Hauptmasse der bairischen Alpen aus dolomitischen (der Keupergruppe angehörigen) Gesteinen gebildet, nach der von Dechenschen geologischen Karte gehören dieser Gruppe nur die südlichsten Theile, 2/3 der Alpen dagegen der Jura-Gruppe an.

b. Das Land zwischen Donau, Böhmerwald, Main und Rhein.

Von dem west=östlich fließenden Donaustrome, dem aus SO nach NW ziehenden Rand= (Wall=) Gebirge des Böhmerwaldes, dem ost=westlich strömenden Main und dem süd=nördlich fließenden Rheinstrome begrenzt, findet dies Gebiet seine Hauptabdachung nach Süden, Norden, Westen, seine tiefsten Punkte im Rheinthal (Mannheim 70 M. ü. d. N.) seine höchsten im Schwarzwald (Feldberg, Belchen, Blauen), ist durch das Neckarthal tief durchgeschnitten und sondert sich in fünf Haupttheile.

1. Das Bergsystem des bairischen Waldes.

Massen von Graniten, Gneißen und Glimmerschiefern füllen die große böhmische Mulde aus und bilden ihre emporgekrümmten Ränder. Als ein Theil dieses Systemes ist der bairische Wald zu betrachten, welcher den Westrand des Böhmerwaldes bildet. Zwischen diesem und der Donau liegend, gegen Westen durch den Regenfluß begrenzt, von Südost gegen Nordwest verlaufend, hat dieses Bergland bei einer mittleren Höhe von 500 M. Höhen bis fast 1400 M. aufzuweisen (Arber und Rachel) und wird durch die Gesteine der paläozoischen Formation, namentlich durch Granit und Gneiß zusammengesetzt. Beiden folgt in geringer Breite bandförmig fast durch den ganzen Gebirgszug der Quarzfels, dort Pfahl genannt.

Reich an Quellen, bietet der bairische Wald der Waldvegetation einen fruchtbaren, frischen Boden. Wo gegen die Höhen lose Trümmergesteine sich häufen, findet zwischen ihnen in reichlicher Humusschicht die Waldpflanze gedeihlichen Standort.

2. Das Bergsystem des fränkischen Jura.

Zwischen Main und Donau zuerst ost=westlich dahinziehend, nimmt das Bergsystem der fränkischen Jura, von Regensburg aus fast unter einem rechten Winkel nordwärts gekrümmt, ein bedeutendes Gebiet in dem bairischen Franken (in den Kreisen Schwaben, Ober= und Niederbaiern, Mittelfranken, Oberpfalz, Oberfranken) ein, von drei Seiten von sandigen Gebilden der Keupergruppe umsäumt, aus den Gesteinen der Liasgruppe, dunkelfarbigen Kalken, gelbem Kalksandsteine, schieferigen, thonigen Mergeln in der unteren, aus Oolithen und brauner Jura in der oberen Etage aufgebaut.

Ueber rauchgrauen Kalken und dolomitischen Schichten lagern in dieser oberen Etage Kalke und jene unter dem Namen Solenhofer Platten bekannten schieferigen Gesteine. Von vielen Thaleinschnitten durchzogen, meist plateauartig ausgeformt, äußerst wasserarm, hat der fränkische Jura meist kalkig-mergeligen Boden von mittlerer Fruchtbarkeit. In Mulden und Terrainsenkungen finden sich tertiäre und diluviale Bildungen, vielfach lehmigen, aber oft auch bis zur größten Armuth herabsinkenden Sandboden darbietend.

3. Schwäbisches Bergsystem. Rauhe Alb.

Aehnliche Bildungen bauen sich von der fränkischen Jura süd-westlich verlaufend zwischen Donau und Neckar auf.

Von den tertiären Gebilden der Donaugegend ausgehend, erreichen wir die höchsten Rücken Würtembergs, die rauhe Alb, dem weißen Jura angehörig, in Stufen und Treppen übereinandergestellt, wasserarm, an Höhlen reich, in Terraineinschnitten fruchtbaren Boden bietend, welcher der Verwitterung des Jura seine Entstehung verdankt, bodenarm in hohem Grade da, wo wenig charakteristisch geformte Felsen magere Krume bedeckt. Tiefer liegt die Liasplatte, wenig in Flächen entwickelt, bandförmig die Alb umfassend. Eine tiefere Terasse gehört dem Keuper an, geziert durch Kegelberge, (Gipsletten, oft mit einer Sandsteinhaube) welche der Verwaschung des Gebirges widerstanden haben (Hohen-Asperg, Wartberg, Staufenberg u. A.). Hinabsteigend folgen die Etagen der Lettenkohle (Gäu) mit ihrem überaus fruchtbaren Boden, zu dessen Kraft nicht wenig die reichlichen Quellen beitragen; die Etage des Muschelkalks, deren Dolomite, Mergel und Kalke nur mageren Verwitterungsboden erzeugen und welche nur da ein weniger ärmliches Bild der Bodenkraft darbietet, wo verschwemmte Theile der Lettenkohle die Krume bilden; endlich das System abschließend und dasselbe mit dem Schwarzwalde verbindend, die Etage des Buntsandsteins mit zahlreichen Moor- und Torfbildungen, mit übereinander gestürzten Steinmeeren, mit Seen und Wasserfällen. Thon und Glimmer, die Hauptbestandtheile des Gesteins, geben da, wo freie Wasser-Circulation herrscht, fruchtbaren, doch wenig durchlässigen Boden.

4. Das System des Schwarzwaldes.

Hoch und massig aufgerichtet, rahmt dies System den Rheinstrom und das weite Rheinthal ein, südnördlich vorzugsweise in der Längenachse entwickelt, von Bergkuppen bis 1400 M. Höhe gekrönt. Typische Gneißthäler (Wiesenthal, Höllenthal.), durch hohe und schroffe Felswände gekennzeichnet, deuten auf die das Gebirgssystem hauptsächlich bildende Gesteinsgruppe (Urgebirge), welche überall im West-

theile in den höchsten Kuppen (Feldberg, Belchen) freiliegt, im Ost=
theile vom Flötzgebirge überlagert ist.

Graue Granite im Kinziggebiete, graue oder braunrothe Gneiße
im Murgthale und röthliche Granite im Gebiete der Enz bezeichnen
die Mittellinie des Gebirges, von welcher ostwärts abweichend wir
uns bald im Gebiete des bunten Sandsteines befinden. Westwärts
gegen den Gebirgsrand ebenso wie am Südrande sind es ebenfalls
Buntsandsteine und der Muschelkalk, welche die Urgebirge überlagern.
Wohl ⅔ des Schwarzwaldes wird vom Gneiß und Granit gebildet.
Untergeordnet sind der Thonschiefer am Südabhange, die Porphyre
an verschiedenen Stellen, das Todtliegende bei Baden und im Murg=
Thale.

Vulkanische Gebilde haben vielfach die Schichten des Schwarzwaldes
durchbrochen, Phonolithe (Hegau) und Basalte (Hohenstoffeln, Hohen=
höwen, Wartenberg bei Donaueschingen). Dolerite (Kaiserstuhl) und
Basalte im Norden des Systems gehören den sich nordwärts an den
Schwarzwald anlehnenden Hügelländern (Muschelkalk, Keuper, Gips)
an, welche bis gegen den Neckar hin sich erstrecken, in vielen Terrassen
dem Bergsysteme seinen Abschluß geben.

In ähnlicher Weise schließt sich im Süden gegen den Bodensee
ein Vorhügelland an, in welchem in ziemlich regelmäßiger Folge Bunt=
sandstein, Muschelkalk, Keuper, Lias, Jurakalk, Molasse vorkommen,
welche letztere den Bodensee einschließt.

Verschieden, wie seine Grundgesteine, ist auch der Boden des
Schwarzwaldsystemes. Vom tiefgründigen kräftigen Gebirgsboden auf
den Höhen bis zu der armen Krume an den durch die Benutzungs=
art mißhandelten, abgeschwemmten Gehängen (Reutberge) liegt eine
mannigfaltige Reihe von Bodenarten, zumeist einer kräftigen Wald=
vegetation Raum gebend, welche seit vielen Jahrhunderten jenem Wald
gebiete weit verbreiteten Ruf gebracht hat.

5. Das System des Odenwaldes.

Nordwestlich nahe der Vereinigung des Main= und Rheinstromes
erhebt sich, massig zusammengerückt, das Bergsystem des Odenwaldes.
Räumlich nicht so ausgedehnt, wie die übrigen Systeme dieses Gebietes,
geologisch einfach constituirt (westwärts in abfallenden Terrassen Granit,
überwiegend im ganzen östlichen Theile Buntsandstein) hat der Oden=
wald seit lange dennoch die Aufmerksamkeit der Forstwirthe durch die
Eigenthümlichkeit seiner wirthschaftlichen Verhältnisse auf sich gezogen
(Hackwald, Röderland u. s. w.) und in Wahrheit haben sich Land

3*

und Leute dort ebenso charakteristisch entwickelt, wie das kleine Gebirgs= system sich aus der Masse der deutschen Mittelgebirge abhebt.

Vom Neckar durchschnitten, welcher von Heilbronn (156 M.) bis Mannheim (70 M.) 86 Meter Gefälle hat, im Mittel 450 M. hoch, steigt der Odenwald im Kruhberg bis 562 M., im Melibokus bis 522 M. empor, zeigt runde, gefällige Bergformen, welche nur in dem Neckar= und Kocherthale sich schroffer gestalten. Basalte und Dolerite durchbrechen vereinzelt den Buntsandstein (Katzenbuckel).

Der Boden des Odenwaldes gehört den sandigen, mitelkräftigen Bodenarten an, ist warmgründig und leicht erschließbar, aber auch eben so rasch durch zu starken Reiz ungehinderten Lichteinfalles eines Theiles seiner Kraft zu berauben.

6. Das Rheinthal.

Wir haben noch einen Blick in die unser Gebiet westlich abschlie= ßende Rheinebene zu werfen. In gleichmäßiger Breite (ca. 2 Meil.(süd=nördlich sich hinziehend, wird das Rheinbecken von Löß, (an den Vorbergen des Schwarzwaldes und Odenwaldes), leichtem oft armem Sandboden (Alter Rhein bei Rastatt, obere und untere Hardt, Ge= gend von Darmstadt u. s w.), von fruchtbarem kalkreichem Lehm (Markgräflerland), endlich von humosem Thon (Dammfeld) gefüllt, hier und dort moorigen torfigen Bildungen bei undurchlassendem Letten=Untergrunde Raum gebend.

 c. Das Land zwischen Oder und Elbe bis zum 52. Grad n. Br.

Die das deutsche Gebiet abschließenden schlesischen und sächsischen Gebirgszüge des mährischen, Glatzer Berglandes, des Riesengebirges und die Anfänge des Erzgebirges geben diesem Gebiete seine Ge= staltung.

Von Ostsüdost nach Westnordwest verlaufend, begrenzen diese das Sudetensystem bildenden Bergzüge das terrassenförmig zur Odernie= derung abfallende Vorbergsland, an welches unfern des 52. Breiten= grades das weite Schwemmland der norddeutschen Tiefebene sich an= schließt. Nur in seiner klimatischen Einwirkung ragt das Massengebirge der Karpathen in dieses Gebiet, die Luftwärme des oberschlesischen Hügellandes erniedrigend, die Feuchtigkeit der Atmosphäre vermehrend. Aus einer Höhe von 685 M. herabkommend, schließt die erst süd= westlich=nordöstlich fließende, dann sich zur Richtung SO-NW herum= krümmende Oder (oberhalb Ratibor) das Gebiet von dem Karpathen= Systeme ab.

Nach der böhmischen Seite steil abfallend, im schlesischen Gebiete allmählige Uebergänge zum Vorlande bildend, reihen sich von SO nach NW die Systeme des (mährischen) Altvaters (1486 M.) Hundsrücks (bis 1400 M) das durch das wallförmige Eulengebirge (hohe Eule 994 M.) abgeschlossene Glatzer Gebirgsland mit Heuscheuer (910 M.) Adersbacher und Waldenburger Gebirge, das Riesengebirge mit der Schneekoppe (1611 M.), Sturmhaube (1462 M.), Hohen Iserkamm (1422 M.), der Tafelfichte (1100 M.), dem Schwarzeberg (800 M.) an. Von hier, wo die Neiße das Gebirge durchbricht, senkt sich das Wallgebirge bis zum Elbdurchbruch bei Königstein (sächsische Schweiz) mit Höhen von 770 (Oywin) 802 (Lausche) 556 Meter (Winterberg über dem Elbdurchbruch). Hier und da noch zu bedeutender Höhe emporsteigend (Zobten 720 M., Spitzberg 514 M., Gröditz 408 M., Landskron bei Görlitz 430 M., Sybillenberg bei Dresden 455 M. u. a. m.) fällt das Vorbergsland in das Flachland hinab, nochmals ansteigend zu einigen Landrücken (Nieder-Fläming zwischen Wittenberg und Cottbus mit dem 116 M. hohen Ochsenberge; Landrücken zwischen Spree und Bober mit dem 170 M. hohen Rückenberge), welche mit den rechts der Oder gelegenen Katzenbergen einen fortlaufenden Vorgebirgswall von Breslau bis fast nach Magdeburg bilden.

Ueberaus reich ist die geologische Gliederung dieses Systems. Sehr zerstreut, durcheinander geworfen und vielfach verändert, doch ziemlich vollständig finden sich alle Glieder der Sedimentformationen, devonische Grauwacke und Kulmschichten längs des Abhanges des Altvatergebirges bis Neiße, am Eulengebirge, zwischen Landshut und Lühe, auch bei Lauban und Görlitz; Steinkohlengebirge bei Hultschin; Zechstein bei Schönau und Löwenberg; Muschelkalk bei Kreppitz und Bunzlau; Quadratsandstein zwischen Löwenberg, Bunzlau, Naumburg a. B.; Kreide zwischen Goldberg und Schönau.

Von der Südwestseite des Gebirges umschlossen, von Rothliegengem und den durch Porphyre durchbrochenen Quadratsandsteinen der Heuscheuer vielfach erfüllt, liegt die Mulde des von der Grafschaft Glatz bis nach Waldenburg ausgedehnten niederschlesischen Steinkohlengebietes. Granite, Gabbro- und Serpentinmassen haben die Schichtung der Nordostseite des Gebirges gestört. In den Kuppen des Zobtens und Rummelsberges treten sie weit in Mittelschlesien zu Tage. Basalte der Tertiärzeit haben vom Annaberge tief in das sächsische Bergland hinein die Oberflächengestaltung verändert und durch das Hervorbrechen ihrer Kegelberge den landschaftlichen Reiz der Gegend erhöht.

Der Mannigfaltigkeit geologischer Bildungen entspricht die Verschiedenheit der Bodenverhältnisse.

Kräftige Waldböden, nur hier und da durch Flachgründigkeit in ihrer Productionsfähigkeit beschränkt, liefern Granit und Glimmer= schiefer der höheren Gebirge; ärmer sind die aus der Verwitterung des Feldspathporphyrs hervorgegangenen Bodenarten. Diesen im Allge= meinen als Lehmböden zu bezeichnenden Gebirgsböden stehen die lehmig=sandigen Böden der Vorberge, die Sandböden der Niederung gegenüber. Können erstere, soweit sie der Wald einnimmt, noch als der Vegetation günstig bezeichnet werden, so gilt dies von den Sand= böden nur theilweise, soweit (wie in Oberschlesien) größere Bodenfrische zu Hülfe kommt. Arme Lagen finden sich da, wo, wie in Mittel= schlesien, der hochaufgelagerte Diluvialsand die Meteorwasser rasch sin= ken läßt oder (wie im Bez. Liegnitz) Orthstein=Unterlagen wechselnd stauende Nässe und änßerste Trockniß hervorbringen. Der dem Walde nicht ganz entzogene äußerst fruchtbare Auboden der Oderniederung gehört zu den besten Waldböden (Peisterwitz).

Wir haben noch einen Blick in das rechts von der Oder gelegene schlesische Gebiet zn werfen. Schwach hügelig ausgeformt, dem Dilu= vium (postneozoische Form.) angehörig, nur selten ältere Bildungen auf beschränkter Fläche zeigend (Muschelkalke zwischen Oppeln und Kosel) hat dieser Theil der Provinz vorzugsweise ärmere Sandböden mit Moorbildungen, Lehmböden fast nur in der Oderniederung.

D. Das Gebiet zwischen Elbe, Main und Weser bis zum 52. Grade nördl. Breite.

Reich gegliedert und in jeder Beziehung wechselvoll, eine weite und tiefe Thalmulde einschließend, umrahmen im Süden Erzgebirge, Fichtelgebirge, Thüringerwald (und Theile des Frankenwaldes) und Rhön, westlich das sächsische Bergland mit dem Meißner, Kaufunger= walde, Solling, nördlich der weit vorgeschobene Harz, östlich endlich die zwischen Elbe und Mulde aus SO nach NW ziehenden Landrücken, die Fortsetzung des Lausitzer Landrückens, das Gebiet, welchem zahl= reiche dem Main, der Elbe, Fulda und Werra zueilende Wasserläufe angehören. Acht verschiedene Systeme dienen naturgemäß unserer kurzen Schilderung zur Grundlage.

1. System des Erzgebirges.

Das böhmische Gebiet vom deutschen scheidend, in der Richtung Westsüdwest hinziehend, steigt das Erzgebirge auf der Südostseite steil bis zu 700 M. empor, während einzelne Punkte über 1000 M. sich erheben (Schneeberg 720 M.; Kahleberg 965 M.; Wiesel=Stein 1020 M.; Fichtel 1235 M.; Keilberg 1208 M.).

Den nordöstlichen Theil des Gebirges bildet der Gneiß, mit unter= geordneten Ablagerungen von Granit, Felsit= und Syenitporphyren, auch Quadersandstein; den südwestlichen der Granit, dessen Ablagerun= gen von Thonschiefer und Glimmerschiefer umgeben und getrennt sind.

In dem nordwestlich vom Hauptgebirgszuge des Erzgebirges durch Gebirgserhebung gebildeten erzgebirgischen Bassin (Chemnitz, Zwickau) findet sich Grauwacke, Kohlenformation, Rothliegendes.

Abgeschlossen wird dieser Theil des dem Gebiete angehörigen großen Beckens durch das bis 450 M. ansteigende sächsische Mittelgebirge, von Granulit und übergelagertem Thonschiefer und Glimmerschiefer gebildet.

Nördlich davon, durch ein schmales mit Porphyren gefülltes Bassin getrennt, zieht sich das Oschatzer Grauwackengebirge (im Colmberge bis 300 M. ansteigend) zwischen Meißen und Eilenburg aus SO nach NW.

Die landschaftlich berühmten Quadersandsteinbildungen des Elb= thales, zu denen auf dem linken Elbufer vom Einflusse der Müglitz ab bis unterhalb Meißen Granit= und Syenitablagerungen folgen, schließen das System ab.

Tiefgründig und sehr fruchtbar ist der durch die leicht verwitter= baren Gneißschichten gebildete Boden. Ausgezeichnet durch große Feld= spathkrystalle, liefert der erzgebirgische Granit einen der Waldvegetation nicht minder günstigen Boden.

Auch der meist Feldspathkörner enthaltende Glimmerschiefer und der leicht zersetzbare Thonschiefer der Randgebirge geben einen thon= reichen, kräftigen Waldboden. Torflager von bedeutender Ausdehnung finden sich nahe dem Gebirgskamme.

Schweren, strenglehmigen Boden liefern die Felsitporphyre des erzgebirgischen Bassins; leichter, der Erschließung zugänglicher, durch thoniges Bindemittel kräftig, sind die Quadersandsteinböden. Diluvial= lehm endlich im nördlichen Becken und im Elbthale die Grundgesteine überkleidend, tritt als ein weiterer fruchtbarer Boden hinzu. Aermere sandige Parthieen finden sich allein im lausitzschen Theile (s. C.) des Königreichs Sachsen.

Das System des Erzgebirges darf daher als eines der fruchtbarsten deutschen Waldgebiete gelten.

2. System des Fichtelgebirges.

Zwischen dem Erzgebirge, Böhmerwald und Frankenwald erhebt sich, selbstständig zu bedeutender Höhe entwickelt, einen Central-Knoten in dem mitteldeutschen Gebirgssysteme bildend, das Fichtelgebirge.

Durch zwei von dem Schneeberge (1062 M.) und Ochsenkopfe (1016 M.) nach SO und NW ablaufende Gebirgszüge, welche beide fast senkrecht auf ihre ursprüngliche Richtung sich dann gegen NO wenden, in zwei Bergebenen getrennt, sendet das Fichtelgebirge seine Wasser von der höhergelegenen Platte (550 M.) durch die Eger in die Elbe, von der nördlich und westlich abdachenden, tiefergelegenen (500 M. im Mittel hohen) in die Flußgebiete der Elbe (durch die sächs. Saale) und des Rheines (durch den Main). Die Naab, dem Donausysteme angehörig, nimmt die Wasser der Südhänge des Fichtelgebirges auf.

Krystallinische Gesteinsarten (Gneiß, Granit, Glimmerschiefer, Urthonschiefer) herrschen im südlichen, Thonschiefer und Grauwacke (in den drei Altersstufen als silurische, devonische und Culm oder carbonische Bildungen) im nördlichen Theile vor. Grünsteine treten vielerorts hervor; gegen Westen am steilen Gebirgslande lehnen sich an die älteren Gebilde das Kohlengebirge, Rothliegendes, Buntsandstein, Muschelkalk, Keuper meist in schmalen Ablagerungen an.

Thonreiche Sandböden herrschen im Süden, sandige Thonböden im Norden vor. Beide sind im Allgemeinen der Waldvegetation günstig

3. System des nordfränkischen Plateaus und Thüringerwaldes.

Als westliche Fortsetzung des Fichtelgebirges dehnt sich zwischen Main und fränkischer Saale das nordfränkische Plateau (b. sog. Frankenwald) aus, ein nicht über 830 M. (Hohe Schuß 830 M.; Döbraberg 800 M.) aufsteigendes, in nach NO und SO convex gekrümmtem Bogen ausgeformtes, der Thonschiefer-Grauwacken-Formation angehöriges Bergland, dessen Wasserläufe südlich den Main gewinnen.

Sandig-thonige Böden, oft eisenschüssig, welche sich vorherrschend vorfinden, sind der Vegetation günstig.

Nördlich anschließend, als Fortsetzung des Böhmerwaldes aus SO nach NW streichend, erhebt sich der lange Rücken des Thüringerwaldes, im Wetzstein (805 M.), Beerberg (977 M.), Kiekelhahn (875 M.), Inselsberg (827 M.) seine größten Höhen erreichend.

Granit, Felsitporphyre, Diorite, Grauwackensandstein bilden die Gebirgsmasse, deren Boden von sehr wechselnder Beschaffenheit, namentlich von sehr verschiedener Tiefgründigkeit und Frische ist, während er mineralisch meist kraftig genannt werden kann. Er schließt alle Klassen der deutschen Gebirgswaldböden in sich.

4. System des Rhöngebirges und Spessarts.

Durch einen schmalen Bergrücken verbunden, nehmen beide Bergsysteme den Südwesten unseres Gebietes ein, das Rhöngebirge in Gestalt eines gewundenen Walles, der Spessart als ein wenig charakteristisch ausgeformtes, zwei Hauptwasserscheiden bildendes Massengebirge.

Ersteres erhebt sich nicht über 850 M. (im Damersfeld bei Gersfeld 810 M.; große Wasserkuppe 850 M.; Kreuzberg 835 M.), der Spessart nicht über 617 (Geiersberg).

Basalt, dem langen Durchbruchszuge dieses Eruptivgesteines angehörig, welcher vom Vogelsgebirge bis zu den Sudeten überall leicht erkennbar ist, tritt im Rhön in zahllosen Kuppen und als Hauptmasse des Gebirges auf, die Gebilde des Buntsandsteins und Muschelkalks durchbrechend. Im Süden findet sich ersterer anstehend, im Nordosten Muschelkalk und Keuper. In Mulden und Senken finden Tertiärgebilde ihre Stelle, Thonlagen und Braunkohlenflöze einschließend.

Fast gänzlich entwaldet, bietet das Rhöngebirge heute den Eindruck einer kümmerlichen Vegetation, einer Einöde. Verangerter, durch Streurechen entkräfteter Boden bedarf langer Ruhe, ehe in natürlicher Folge höher organisirter Gewächse der Wald hier wieder einen gedeihlichen Standort findet. Nur wo die ausgewaschene Krume am Fuße der Hänge zusammengeschwemmt ist, zeigt sich lebhafter Wuchs und freudiges Gedeihen der Holzgewächse.

Nur theilweise haben wir dasselbe in dem benachbarten Spessart zu beklagen. Meist begegnen uns hier Waldbilder von großartiger Schönheit. Den Spessart bildet im Osten allein der Buntsandstein, im Westen Gneiß und Glimmerschiefer. Porphyre, Basalte, Rothliegendes, in schmalen Streifen auch Zechstein finden sich um Aschaffenburg, Basaltkuppen auch in der Gegend von Urb. Der lockere, frische, humose, thonige Sandboden des Spessarts bildet einen Waldboden von vorzüglicher Ertragsfähigkeit.

5. System des hessischen Berglandes.

Meist dem Hügellande angehörig, doch mit seinen höheren Bergmassen in die Bergregion ragend, bildet das hessische Bergland die Verbindung des mitteldeutschen Bergsystemes mit den ältesten Erhebungen, dem durch das massenhafte Vorkommen älterer Schiefergesteine ausgezeichneten rheinischen Systeme.

Vorherrschend von Buntsandstein und an den Rändern von Muschelkalk gebildet, bietet das System neben dem nicht unbedeutenden Vorkommen des Zechsteins häufige Basaltdurchbrüche, der mitteldeutschen Durchbruchslinie angehörig.

Im Soisberg (640 M.), Seulingswald (520 M.), Meißner (750 M.), Kaufungerwald (520 M.), Solling (Moosberg 515 M.) erreicht das System seine Maximalhöhen.

Auf den sandig-thonigen Böden dieser Bergstrecken ebenso wohl, wie auf den basaltischen Kuppen finden unsere edelsten Waldbäume gedeihliches Vorkommen.

6. System des Harzes.

Den Abschluß gegen Norden findet unser Gebiet in dem auf halbmondförmiger [1] Grundfläche massig aufgebauten Harzgebirge.

Weit gegen Norden in das Schwemmland vorgeschoben, von keinem höheren Gebirge überragt, nur von den niederen Vorwällen gegen Norden umringt, unterliegt dies Bergsystem den Einwirkungen nördlicher, nordwestlicher und nordöstlicher Luftströmungen in besonderem Maaße und bildet deshalb ein in klimatischer Beziehung hervorragend interessantes Gebiet, dessen Bewaldung für ganz Mitteldeutschland von einer sehr großen Wichtigkeit ist.

Im Brocken (1140 M.) seinen höchsten Punkt findend, welcher in der Isothermfläche der subalpinen Region liegt, erhebt sich der Harz im Bruchberge zu einer Höhe von 805 M., im Rammelsberg zu 640 M., welch' letztere Höhe ein großer Theil seiner Spitzen erreicht.

Gegen Südosten und Westen steil abfallend, ist das Gebirge gegen Südwest, Ost und Nord terrassirt. Tiefe Thaleinschnitte (Bodethal) mit senkrechten Wänden wechseln mit milder geformten Thalsenken (Selke).

Von dem aus Granit gebildeten Hochberge des Brockens herrscht im nordwestlichen Theile der Kohlenkalk (Culm), im südöstlichen sind die silurischen Glieder des Uebergangsgebirges hauptsächlich vertreten. Granite brechen im Bodethale, Felsitporphyre und dioritische, sowie Gabbrogesteine hier und da, erstere in größeren Streifen, hervor.

---

[1] Mit dem Kreisbogen nach SW (convexe Seite) mit der nahezu gerade abgeschnittenen Sehne nach NO gerichtet.

Zechstein umsäumt den Bogen des Gebirgsstockes im Westen, Süd=
westen und Süden bis in die Nähe von Eisleben.

Der Waldboden des Harzes ist thonig, kräftig, jedoch von wech=
selnder Tiefgründigkeit und Frische, damit von verschiedener Produc=
tionsfähigkeit.

7. Die Landrücken im Osten. des Gebietes.

Vom Culmberge (305 M.) nordwestlich ziehend, erheben sich diese
Rücken im Spitzberge (145 M.), Lobenberge (155 M.) und in der
Dübner Heide (170 M.) in die Hügelregion, einerseits gegen Osten
und Nordosten in die weite norddeutsche Tiefebene abfallend, anderer=
seits die weite fruchtbare Mulde, welche die Mitte unseres Gebietes
ausmacht, begrenzend.

Sie gehören dem Diluvium an. Oligozene Bildungen finden sich
vereinzelt, Porphyrdurchbrüche sind nicht selten.

Ihrer Bodenbeschaffenheit nach gehören diese Höhen bereits in das
System des norddeutschen Schwemmlandes.

8. Die Mulde zwischen Harz und Thüringerwald.

Hügelig=welliges Land liegt in weiter fast quadratischer Verbreitung
in der Mitte unseres Gebietes. Muschelkalk, Keuper, obere Kreide
(in untergeordneter Masse) und diluviale Bildungen füllen die weite
Mulde, aus welcher einzelne Höhen hervorragen, wie der altberühmte
Kyffhäuser (477 M.), in der auch langgestreckte Bergzüge wie Ohm
und Dün (bis 450 M.) sich vorfinden. Stockt der Wald in den
Bezirken des Muschelkalks und Keupers noch auf der Vegetation gün=
stigen kalkig=thonigen Böden, wenngleich auch hier meist schon auf den
flachgründigen, ärmeren Parthieen, so ist er im Diluvialgebiete meist
auf den armen Sandboden zurückgedrängt und ist es hier allein die
Kiefer, welche geeigneten Standort findet.

9. Das Gebiet zwischen Weser und Rhein bis zum 52. Grade nördlicher Breite.

An die Gebirgsstöcke des Vogelsgebirges (Taufstein 844 M.) und
Taunus (Feldberg 877 M.) im Süden des Gebietes angelehnt, er=
strecken sich nordwärts am linken Weserufer lange Bergreihen, Höhen
bis nahe 600 M. erreichend (im Habichtswald bei Kassel 585, im
Reinhardtswald 465 M.), während andererseits, von ihnen durch die
fruchtbare Ebene der Wetterau getrennt, ein vielgestaltiges Bergland
sich ausbreitet, welches den Flußgebieten der Lahn, Sieg, Eder, Ruhr

(mit der Möhne) angehört und durch das der Lippe parallel ost=westlich verlaufende Wallgebirge des Haarstrangs (bis 230 M.) seinen Abschluß gegen das westfälische Flachland findet, welches seinerseits im Norden durch den bis 400 M. hohen (Giptenberg 388, Tonnsberg 340, Hö=renberg 355 M.) von SO nach NW streichenden Teutoburger Wald ab=geschlossen wird.

In Platten, Gipfeln, Strängen und Rücken vielgestaltig ausge=formt, mit zahlreichen Namen belegt, ist dies Bergsystem hervorgegan=gen aus der ältesten Erhebung in Deutschland als ein Theil des gro=ßen rheinischen Systems. Thonschiefer und Grauwacke sind daher die Hauptgesteinsarten desselben, mannigfach durchbrochen von Eruptiv=gesteinen, Basalten, Porphyren, Melaphyren, Trachyten.

Vom Taunus ausgehend, dessen nordwestliche Grenze die Lahn bildet, erreichen wir das Bergsystem des Westerwaldes, zwischen Lahn und Sieg, mit Höhen bis fast 700 M. (Salzburgerkopf 693 M., Kalteiche 533 M., Montabaurerwald 524 M.), abgeschlossen im SW durch das Siebengebirge bei Königswinter am Rhein (463 M) In seiner großen Masse aus devonischen Schiefergebilden (Thonschiefer, Grauwackenschiefer) und flötzleeren Gliedern der Steinkohlenformation (Gegend von Dillenburg) zusammengesetzt, von jüngeren (oligozenen) Schichten überlagert, von Basalten und Porphyren vielfältig durchbro=chen und von ersteren mit hohen Kuppen gekrönt (Westerwald) oder aus trachytischen Massen zusammengesetzt (Siebengebirge), steht dieser Gebirgszug mit dem die Quellen der Sieg, Lahn und Eder tragenden Edergebirge in engster Verbindung. Letzterem fehlen jedoch die Durchbruchgesteine fast gänzlich, bei sonst gleicher geologischer Constitu=tion (devonischer Schiefer). Das Edergebirge erreicht im Eberkopf (630 M.) seinen höchsten Punkt.

In südwestlicher Richtung zum Rheinthal abfallend, bildet das Sauerland terrassirtes Terrain, im Ebbegebirge Höhen bis 600 M. erreichend, im Lennethal schroffe Hänge und kegelförmige Bergformen zeigend, während nordwestlich und nördlich vom Edergebirge das Rothaargebirge bis zum hohen Astenberg ansteigt (840 M.), dem höchsten Punkte zwischen Weser und Rhein. Die geologische Bil=dung dieser Berggruppe ist überaus einfach. Es sind überall die mittel=devonischen Schiefer, welche dieselbe zusammensetzen. Ihnen reiht sich an der Möhne und Ruhr die breit entwickelte Steinkohlenformation an. Der unser Bergsystem abschließende Haarstrang gehört der Kreidegruppe, welche in dem ganzen niederrheinisch=westphälischen Tief=lande neben den Diluvialgebilden vielfach auftritt, an. Kehren wir

in den Süden unseres Systems zurück, um vom Vogelsgebirge aus
die Weserberge zu verfolgen, so finden wir im ersteren die massigste
Entwickelung des Basaltes, welche der deutsche Boden kennt. Auch in
den Weserbergen bis zum Habichtswald findet derselbe in Tertiär=
gebilden reichliche Entwickelung in Kuppen und Spitzen; Buntsand=
stein, Kohlenkalk und Kohlensandstein füllt die zwischen Weser= und
Ebergebirge liegende hügelige Mulde.

Bei so reicher geologischer Gliederung dieses Gebietes, bei dem
raschen und häufigen Wechsel seiner Grundgesteine finden sich natürlich
die größten Bodenverschiedenheiten vor.

Den kräftigsten Waldboden giebt wohl überall der Basalt.
Ihm am nächsten steht der bessere, aus der Verwitterung körniger
Grauwacke entstandene Boden. Auch die thonreichen Buntsandstein=
böden sind der Waldvegetation überaus günstig. Weit weniger sind
dies die Thonschieferböden, besonders die aus dem sogenannten Faul=
schiefer entstandenen. Sie sind flachgründig, trocken, träge.

Die Thon=Porphyre dieses Gebietes geben theilweise einen überaus
kräftigen, kleinsteinigen, frischen, tiefgründigen Boden; die Felsitpor=
phyre und Trachyte verhalten sich meist ungünstiger. Der aus ihrer
Verwitterung entstehende Boden ist flach, steinig, heißgründig, dem Aus=
waschen sehr ausgesetzt und im Ganzen von geringer Fruchtbarkeit.
Auf ihm findet vielfach Niederwald seinen Standort.

F. Das linksrheinische Gebiet.

Drei äußerst charakteristische Gebirgszüge sind es, welche den Cha=
rakter dieses Gebietes bestimmen; das heute wieder ganz deutsche Was=
gaugebirge, der Parallelwall des Schwarzwaldes, in der bairischen
Pfalz Hardtgebirge genannt; der zwischen Rhein, Mosel, Nahe und
Saar aus SW nach NO verlaufende Hunsrücken; die zwischen Mosel
und Niederrhein massig aufgethürmte Eifel. Zwischen Wasgaugebirge
und Hunsrücken liegt das Steinkohlenbecken von Saarbrücken.

Das System des Wasgaugebirges, welches Höhen bis zu
1100 M. erreicht (Sulzer Kopf 1432 M.; Gd. Ventron 1428 M.;
Rheinkopf 1320 M.; Donon 1006 M.; Paß von Zabern 430 M.;
höchster Punkt im Bitschgau 587 M.; Donnersberg i. d. Rheinpfalz
880 M.), von Süden nach Norden an Höhen abnimmt und im Don=
nersberg seinen nördlichen Abschluß findet, ist im Süden (bis zum
Zaberner Paß) aus Granit, Gneiß, Glimmerschiefer, devonischen Schie=
fern und Buntsandstein zusammengesetzt und zeigt Porphyrdurchbrüche;

im nördlichen Theile ist an seiner Bildung ganz allein der Buntsand=
stein betheiligt.

In schmalen Parthieen umsäumen die Ostseite des Gebirges der
Muschelkalk (Bischweiler) und tertiäre Bildungen (bei Weißenburg,
Landau und von da nordwärts), welche den nördlichen Theil der
Pfalz und das hügelige hessische linksrheinische Gebiet (Worms, Alzey,
bis Mainz) bilden. Granit und Gneiß (Albersweiler, Silberthal),
Urthonschiefer (Neustadt), Melaphyr (Maxburg) finden in der bairischen
Rheinpfalz vereinzeltes Vorkommen.

Zwischen den Mittelwasgaubergen und dem Argonnerwalde folgen
in Deutsch=Lothringen Muschelkalk, Keuper, Lias in regelmäßigen Stu=
fen; zwischen dem Hardtgebirge und Hunsrück liegt an der Saar der
Kohlensandstein und Schieferthon des Saarbrücker Beckens, mehr nach
Nordosten zwischen Hardt= und Nahegebiet der Westrich, ·hügeliges
Land mit dem Buntsandstein auf den Thalsohlen, dem Muschelkalk
auf den Höhen. Mit bedeutender Entwickelung des Rothliegenden
(Saarlouis=Birkenfeld=Kreuznach) in den Nahebergen und an der
Prims, mit häufigem Vorkommen von Felsitporphyren und Melaphyren
schiebt·sich das Nahegebiet zwischen Westrich und Hunsrücken.

Das System des Hunsrückens (Hochwald mit dem Erbeskopf
818 M., Jdarwald und Soonwald) gehört ausschließlich dem rheini=
schen Schiefergebirge an; nur im Südosten nimmt das Rothliegende
in untergeordneter Weise an der Bildung Theil.

Das System der Eifel (Hohe Acht 755 M.), im Ganzen eben=
falls der devonischen Gruppe angehörig, bietet in seinem nordöstlichen
Theile (Gegend von Laach mit dem 238 M. hoch liegenden vulkani=
schen Laacher See) ein singuläres Vorkommen von Gebirgsbildung
durch vulkanische Laven. Aehnliche Bildungen finden sich auch in den
übrigen Theilen hier und dort. Buntsandstein findet sich bei Gerolt=
stein, Blankenheim, nördlich an der Urft uud bis gegen Düren. Kry=
stallinische Schiefer in breiter Entwickelung bilden das hohe Venn
(720 M.); die Steinkohlenformatian umrandet den Gebirgsstock nord=
westlich bei Eschweiler, Aachen bis Lüttich.

Auch in diesem Gebiete findet sich, der reichen geologischen Gliede=
rung entsprechend, Waldboden der mannigfachsten Art und Kraft.

Ueberaus fruchtbare Waldböden bieten die krystallinischen Gesteine
des Oberelsasses, die bindemittelreichen Arten des Buntsandsteins
(Bitschgau) und der Keuper Deutsch=Lothringens.

Ihnen gleich stehen die Liasgesteine im oberen Moselgebiete (Oo=
lithe bei Metz). Mittelböden giebt der devonische Schiefer und die

große Masse des Buntsandsteins. Arme Sandböden entstehen aus der Verwitterung des letzteren da, wo er bindemittellarm ist (Mittelrücken des Hardtgebirges, Gegend von Creutzwald in Deutsch=Lothringen).

Das Rothliegende des Nahe= und Glangebietes giebt oft einen vorzüglich kräftigen, oft einen nur mittelmäßigen Boden, je nach der Beschaffenheit des Bindemittels. Flachgründige, kiesig=steinige, trockene Böden liefern die Felsitporphyre.

Zwei Vorkommen besonderer Art bietet dies Gebiet, den Kohlen= sandstein= und Schieferthonboden des Saarbrücker Beckens und den vulkanischen Boden der Eifel (Lavasand). Ersterer bekundet eine sehr bedeutende Productionsfähigkeit. Thonig=sandig, tiefgründig, frisch und kräftig, bietet er den edeln Laubhölzern normalen Standort. Der vulkanische Sand der Eifel steht nicht zurück an productiver Kraft (Laacherwald mit 900 CM. pro H. Buchen), sobald ihm stete Beschirmung zu Theil wird. Seine Neigung, pulverartig trocken zu werden, setzt jedoch der Verjüngung nach dem herrschenden Wirthschaftssysteme erhebliche Schwierigkeiten entgegen.

G. Das norddeutsche Flachland.

Wir haben in großen Zügen das Berg= und Hügelland auf deutschem Boden durchforscht; es bleibt noch jenes weit ausgedehnte Flachland zu betrachten, welches von der Memel bis zur Ems in einer Entwickelung durch 14 Längengrade (5^0 bis 19^0), durch 3 Breitengrade (52^0 bis 55^0) sich ausdehnt. Geschieden durch vorgeschobene niedere Landrücken von dem Berglande, in einer späten geologischen Periode durch Niederschlag in seiner heutigen Gestaltung geschaffen, wenig charakteristisch ausgeformt, bietet dieses weite Gebiet nicht jene hohen Merkzeichen, welche im Gebirge Stufe um Stufe die Erdbildung kennzeichnen. Nur in seinen erratischen Blöcken besitzt dasselbe Zeichen einer gewaltigeren Bewegung der Naturkräfte; bei der Bildung seines Bodens haben sich sonst nur ganz allmählige, ruhige Vorgänge thätig erwiesen, wie wir sie heute noch vor unseren Augen sich entwickeln sehen.

Dem entsprechend fehlt hier auch der rasche Wechsel der Kulturart, welcher den Gebirgen eigen ist. In breiter Entwickelung reihen sich die klimatischen Zonen an einander; nur in weiten Gebietstheilen wechselt Sitte und Art des Volkes. Nirgends treten prägnante Unterschiede, scharfe Uebergänge uns entgegen. In horizontaler Entwickelung sind sie verschwindend gering gegen die konzentrirt vertikal auf einander gethürmten geologischen Bildungen, Bodenverhältnisse, Kulturarten,

gegen die dicht zusammengedrängten klimatischen Zonen, die rasch wech=
selnde Volkssitte des Gebirgslandes, welche letztere die Schwierigkeit
der Verbindung und die durch die Jahrhunderte gepflegte Sonderart
jedes Stammes im abgeschlossenen Thale in charaktervoller Frische be=
wahrt hat.

Es bedarf deshalb jener Gliederung des Gebietes bei seiner Be=
trachtung nicht mehr, wie sie beim Berglande nothwendig erschien.
Wenn auch dem aufmerksamen Auge nicht verborgen bleibt, wie auch
im Flachlande die scheinbare Einförmigkeit der Bodenbildung sich aus
zahlreichen Verschiedenheiten zusammensetzt, daß auch hier der Boden,
den wir bebauen, sich vielfach zergliedert in sandige, thonige, merge=
lige, Moor= und Sumpfböden, ein jeder mit besonderen Anforderun=
gen an den wirthschaftenden Menschen ausgestattet, ihm Sonder=Auf=
gaben stellend, so kehren doch diese Abänderungen überall durch das
weite Gebiet wieder und es waren überall dieselben Umstände für
ihre Entstehung maßgebend.

Bereits bei Betrachtung der mitteldeutschen Gebiete ist jener Land=
rücken Erwähnung geschehen, welche als vorgeschobene Wälle Bergland
und Flachland trennen. Es mag hier nochmals kurz und im Zusam=
menhange ihrer gedacht werden.

Mit den Katzenbergen östlich der Oder beginnend, zieht der lau=
sitzische Landrücken, anschließend der Nieder= und Ober=Fläming, sich
an der Elbe entlang fast bis Burg. Westlich von Magdeburg zwischen
Elbe und Leine reihen sich die altmärkischen Erhebungen an den Elm
(326 M.). Südlich davon, durch fruchtbares Auland vom Harze ge=
trennt, erheben sich Hakel (Muschelkalk) und Huy (276 M.), Hale=
berg und Siebenberge. Zwischen Leine und Weser erheben sich Hils
(bis 380 M.), Osterwald, Sünter und Deisterberge (bis 402 M.).
Das Wiehengebirge (bis 325 M.), beim Weserdurchbruch die roman=
tische Porta Westphalica bildend, reiht sich endlich an, in langer
Erstreckung bis Osnabrück vordringend, durch den Osning (Dören=
berg) mit dem Teutoburger Wald verbunden. Buntsandstein und
Muschelkalk (Hakel, Elm, Altmark, Huy, Gegend von Osnabrück),
Keuper (bei Hameln), Jura (Deister, Sünter), Lias (Wiehengebirge),
Wealden und Deistersandstein (Deister, Sünter, Osterwald), Sandsteine
und Thone der unteren Kreidegruppe (Hils) bilden diese Höhenzüge
vorzugsweise.

Der Boden derselben ist in wenigen Zügen nicht zu charakterisiren.
Thonig=mergelige Böden von sehr wechselnder Tiefgründigkeit und
Frische wechseln mit sandigen, wenig fruchtbaren Ablagerungen. Ersteren

geben Muschelkalk, Jurakalk und Weelderthon, letzteren oft der Buntsandstein und Deistersandstein.

Nochmals wird die Einförmigkeit des Flachlandes im Norden unter-
brochen durch die pommersche Platte und Platte von Pomerellen
(Thurmberg 330 M.) und das preußische Hügelland (Schloßberg bei
Wildenhof 210 M.), weit ausgedehnte an Seen reiche Erhebungen
von diluvialer Bildung.

Muschelkalk kommt vereinzelt bei Rüdersdorf vor (Kalkberge), Theile
der Zechsteingruppe finden sich bei Sperenberg (Salz), Glieder der
Kreidegruppe auf Rügen und in Mecklenburg (Malchin, Müritzsee
u. s. w.). Tertiäre Gebilde treten vielfach auf, in größter Entwickelung
zwischen Frankfurt a. O. und Freienwalde, zwischen Glogau und Krossen,
bei Perleberg, in geringerer Verbreitung bei Königsberg und Brauns-
berg, Bromberg, Wirsitz, an der Warthe, bei Muskau, Züllichau,
Fürstenwalde, bei Wittenberg.

Diluvium mit seinem Wechsel von Thon=Mergel= und Sand-
schichten und Alluvium (kalkhaltiger Sand, Quarzsand) bilden im Uebri-
gen den Boden des Tieflandes.

Braunkohlenablagerungen in den Tertiärschichten, Torfbildungen
im Diluvium, Ortstein= und Raseneisensteinbildungen treten hinzu. —

Der Boden des Flachlandes ist hiernach von sehr verschiedener
Beschaffenheit und Produktionskraft. In der Provinz Preußen
herrscht im Nordosten thoniger, in Lithauen oft an Nässe leidender
Boden, im Südwesten der Sand. Die Waldungen der Provinz
Posen stocken vorzugsweise auf Sandboden, nur im Netzdistrikt theilweise auf Lehm=, Moor= und Bruchboden. In Pommern hat der
Regierungsbezirk Stralsund vorzugsweise thonig=sandige Waldböden,
der Regierungsbezirk Stettin westlich der Oder vielfach dieselbe Bodenbildung, östlich dieses Stromes vorherrschend Sandboden. Im Kös-
liner Bezirk hat ein seenaher Streifen (2—3 Meilen breit) meist
thonig=sandigen, das übrige Waldgebiet reinen Sandboden.

Die Provinz Brandenburg sieht schon heute ihren Wald vorherrschend auf den Sandboden zurückgedrängt. Es fehlt zwar auch
hier nicht der bessere Waldboden in den Flußthälern, auch im flachen
Lande (Mühlenbeck, Liepe); doch treten diese Vorkommnisse weitaus
zurück gegen die Masse des Sandbodens, der jedoch für die Kiefern-
wirthschaft ein im Allgemeinen nicht ungünstiges Verhalten zeigt.

In Sachsen ist der Wald außerhalb des Berg= und Hügellandes
ausschließlich auf den Sandboden zurückgedrängt.

Tafel I. **Höhen über der Nordsee. Süd**

Quellen: Die Forstverwaltung Baierns. 1861. Beiträge zur Kenntniß der Land- und Forst Stuttgart 1863. Meitzen, Der Boden u. s. w. des preuß. Staates. Möhl, oro-hydro handlungen von Deutsch-Lothringen. Berlin 1871.

Nor

Gebiet	Ort	Höhe	Ort	Höhe	Ort	Höhe	Ort	Höhe
Linie Trier – Kreuznach – Mainz – Mainthal – Fichtelgebirge	—	—	Erbeskopf im Hochwald	880	Seonwald höchster Punkt	650	Oberstein	254
	Trier (Mosel)	130	Höhe bei Türkismühle	368	Idarwald bis	675	Birkenfeld	325
Linie Sarlouis – Kaiserslautern – Mergentheim-Nürnberg – Amberg	Saarlouis	175	Höcherberg bei Waldmohr	453	Donnersberg Hardtgeb.	880	Mannheim (Rhein)	70
	Saarbrücken	199	Neunkirchen	245	Calmit Hardtgeb.	850	Königstuhl bei Heidelberg	570
Linie Metz-Karlsruhe-Stuttgart – Nördlingen – Regensburg – bairischer Wald	St. Quentin	350	Beningen bei St. Avold	346	Höhe von Stürzelbrou	523	Karlsruhe	—
	Metz	177	Mittersheim	209	Höhe bei Dachsburg	601	Höchster P. bei Baden-Baden	1170
Donauthal	Donaueschingen	650	Tuttlingen	600	Mühlheim	590	Beuern	570
Linie Straßburg – Schwarzwald – rauhe Alb	Donou	1008	—	—	Katzenberg bei Offenburg	1182	Hohenzollern	860
	Rheinkopf	1320	Kaiserstuhl bei Freiburg	580	Feldberg	1490	Hart	970
	Sulzerkopf (Wasgaugebirge)	1432	Blauen	1175	Belchen	1418	—	—
Bodensee – München	Bodensee	385	Waldberg bei Ravensburg	784	—	—	—	—
Voralpen	erreichen	Höhen	bis zu (Rindalphorn und Grünten)	1867	Krenzberg bei Kempten	1165	Sonthofen	744
Hochalpen	Die bairischen Alpen						Mädelegabel bei Sonthofen	2650
							Hochvogel bei Oberstdorf	2573
	Hochwand der Tiroler Alpen						Tiroler Alpen im Süden bis	4080
							—	—

deutschland. In geographischer Anordnung.

wirthschaft im Großherzogthum Baden. Festschrift Heidelberg 1860. Das Königreich Würtemberg. graphische Wandkarte von Deutschland. Cassel 1870. M. 1 : 1,000,000 Bernhardt, Forstliche Ber-

b e n.

Ort	Höhe	Ort	Höhe	Ort	Höhe	Ort	Höhe	Ort	Höhe	Ort	Höhe
Bingen	65	Mainz	70	Lohr a. M.	130	Würz- burg	144	westl. Fuß des Fichtel- gebirges	335	Schnee- berg	1062
Kreuznach	100	Mann- heim	80	Aschaffen- burg	100	Geyers- berg im Spessart	617	mittlere Höhe	500	Ochsen- kopf	1016
—	—	—	—	Nürnberg	310	rauhe Kulm bei Kemnath	818	—	—	—	—
Plateau bei Mer- gentheim a.d.Tauber	490	Altmühl- quelle	584	Ansbach	358	Parkstein bei Weiden	542	Pletten- berg im Böhmer- wald	877	—	—
Strom- berg bei Heilbronn	430	Stuttgart	265	Härdfeld bei Nörd- lingen	640	Regen- stauf	317	Ossa Arber	1286 1485	Dreisessel- stein im bair. Wald	1225
Asberg bei Lud- wigslust	370	Hohen- stauffen	688	Aalbuch	715	Regens- burg a.d Donau	300	Rachel im bairischen Wald	1450	—	—
Sigmarin- gen (neue Brücke)	530	Lauchart- mündung	520	Riedlingen (Würtem- berg)	490	Ulm	440	Passau	254	—	—
hohe Neuffen (Alb)	730	—	—	—	—	—	—	—	—	—	—
—	—	Buffen- berg bei Riedlingen	758	—	—	—	—	—	—	—	—
Höchster Rücken der rauhen Alb	960	—	—	—	—	—	—	—	—	—	—
Ammersee	530	Würmsee (Staren- berg)	640	München	531	Chiemsee	510	—	—	—	—
—	—	Füssen	730	Stoffelsee	840	—	—	Felsen- berg bei Traunstein	830	Gaisberg bei Salzburg	1312
Sailing bei Hohen- schwangau	1980	Zugspitze	3248	Bene- diktenwand	1737	Wendel- stein bei Fischbachau	1864	Untersberg	1985	Berchtes- gaden	530
—	—	Parten- kirchen Thalpunkt	644	—	—	—	—	steinern Meer	2334	Watz- mann	2824
Weiskogel (Tirol)	3839	Wildspitze in Tirol	3865	Tiroler Alpen im Süden bis	3700	Hoh. Kaiser bei Kufstein (Tirol)	2064	Glockner im Salz- kammergut	3868	hohe Göhl	2600
—	—	—	—	—	—	Löffelspitz in Tirol	3410	—	—	Goldberg im Salz- kammergut	3200

b e n.

Tafel II. Höhen über der Nordsee in Metern. Nord-

Quellen: Die Forstverwaltung Baierns. — Orographische Karte von Möhl. — Meitzen, Der Burckhardt, Forstliche Verhältnisse von Hannover.

N o r

Gebiet	Ort	Höhe	Ort	Höhe	Ort	Höhe	Ort	Höhe
54ster Grad n. Br.	—	—	Cuxhafen	0	Hamburg	8	—	—
53ster Grad n. Br.	—	—	—	—	Hannover	58	Wilsede-hügel bei Lüneburg	185
Norddeutsche Landrücken und Linie Berlin-Kreuz	Rheine	42	Osnabrück	69	Wiehen-gebirge	325	Deister	402
	—	—	—	—	Weser an der porta westph.	33	Sünter	328
Linie Münster-Harz-Posen	—	—	Hörenberg (Teutob. Wald)	355	Winterberg bei Pyrmont	440	Hils	380
	Münster	64	Tönsberg	340	Bückeburg	64	Solling (Moosberg)	515
Linie Wesel-Paderborn-Süd-Harz-Kottbus-Glogau	Wesel	16	Hamm	66	Haarstrang Homert	230 660	hohe Astenberg	840
	Emmerich	11	—	—	Plateau von Brilon	600	—	—
Linie Düsseldorf-Kassel-Leipzig-Liegnitz	Elberfeld	168	Ebbe-gebirge	680	Härdlen im Rothaargeb.	683	Hainak (Gebirge)	670
	Düsseldorf	28	—	—	—	—	—	—
Linie Cöln-Siegen-Marburg-Thüringer Wald-Dresden	Kölu (Rhein-höhe)	38	Siegen	252	Pfaffenhain bei Lützel	726	Seulings-wald	520
	—	—	—	—	Ederkopf	620	Soisberg	640
Linie Erzgebirge-Sudeten	Hoher Stein	785	Keilberg	1230	Kahleberg	965	Winterberg üb. d. Elbdurchbruch	550
	—	—	Wieselstein	1020	hohe Schneeberg	720	—	—
Linie Bonn-Westerwald-Vogelsgebirge-Rhön-Südthüringer Wald	Aachen	195	Bonn (Rhein-höhe)	46	Siebengebirge	463	—	—
	—	—	—	—	—	—	Montabaurer Wald	524
Linie Eifel-Taunus-Nordfränkisches Plateau	—	—	—	—	Hohe Acht	755	Kloster Lanch	298
	Höhen östlich Verviers (hohe Venn)	720	Schneeeifel	880	Ernstberg i. d. Eifel	890	Rhein bei Koblenz	60

und Mitteldeutschland. In geographischer Anordnung.

Boden zc. des preußischen Staats. — Otto v. Hagen, Forstliche Verhältnisse von Preußen. —

b e n.

Ort	Höhe	Ort	Höhe	Ort	Höhe	Ort	Höhe	Ort	Höhe	Ort	Höhe
—	—	Stralsund	9	Stettin	4	Kolberg	4	Danzig (Ostsee)	2	Elbing	8
—	—	Greifswald	5	Angermünde	52	Köslin	40	Thurmberg	330	Höhe bei Elbing	190
Elm	326	Wittenberge	20	Neustadt E./W. Bahnhof	56	—	—	—	—	—	—
Huy	278	Magdeburg (Elbpegel)	46	Berlin Oberbaum	36	Küstrin Oderpegel	13	—	—	Kreuz	37
Rammelsberg	640	Brocken	1140	Rammberg	568	Burg (Höhe bei)	55	Frankfurt a. O. (Pegel)	21	Posen	91
Bruchberg bei Clauthal	805	Ebersberg	650	Auerberg	570	—	—	—	—	—	—
Reinhardswald	465	Sonnenstein	380	Kyffhäuser	477	Petersberg bei Halle	390 91	Ochsenberg im Fläming	160	Glogau (Oderpegel)	76
Bärenburg	598	Ohmgebirge	388	Tiefe unter demselben	160	Dübner Heide	170	Rückenberg bei Sagan	170	—	—
Kassel (Weserspiegel)	140	Meißner	750	Ettersberg bei Erfurt	467	Culmberg	305	—	—	Mönch bei Liegnitz	408
Habichtswald	595	—	—	—	—	Sybillenberg bei Dresden	455	Landeskron bei Görlitz	432	Spitzberg	514
Inselsberg	827	—	—	—	—	—	—	—	—	—	—
Kickelhahn	875	—	—	—	—	—	—	—	—	—	—
Beerberg bei Suhl	977	Wasserscheide bei Görsdorf	487	Gera	202	—	—	Sächsische Schweiz bis	877	—	—
Lauscha	802	Tafelfichte (Riesengebirge)	1100	Hohe Iserkamm	1422	Schneekoppe	1611	hohe Eule Heuscheuer	994 920	Zobtenberg	720
Oywin (Erzgeb.)	770	Schwarzeburg	800	Sturmhaube	1482	—	—	Seefelder	1060	Jauerberg	870
Kalte Eiche	533	Gießen	157	Taufstein im Vogelsgebirge	844	Milsenberg	832	Gleichberg a. d. Milz	784	Wetzstein in Thüringen	805
Salzburgerkopf Westerw.	693	Wetzlar	144	—	—	Dammersfeld im Rhön	820	—	—	—	—
Platte bei Taunus	490	Feldberg (Taunus)	877	Arber Reisig	550	Coburg	307	Döbraberg	800	Kapellen am Nordabhang des Fichtelgeb.	845
—	—	—	—	—	—	Festung Coburg	489	—	—	—	—

b e n.

Mecklenburg hat überwiegend kräftigen thonreichen Diluvial-Waldboden.

Im hannöverschen Flachlande finden sich betreffs der Produktionskraft des Bodens die schroffsten Gegensätze. „Die krüppelhafte Kiefer nicht fern von der riesigen Eiche", wie Burckhardt[1]) sich bezeichnend ausdrückt, deuten auf den raschen Wechsel aller chemischen und physikalischen Eigenschaften des Bodens hin. Ein überaus wechselnder Feuchtigkeitsstand, größere oder geringere Ueberlagerung des Diluvial-Lehms und Mergels mit Alluvialsand, das Vorkommen von Ortsteinbildungen modifiziren die Produktionskraft des Bodens beträchtlich. Der Heidboden nimmt wohl überall die letzte Stelle ein. Weitgetriebene, unkluge Entwaldungen haben nicht minder dahin gewirkt, im seenahen Flachlande die Vegetation zu hemmen, auch da, wo die Bodenkraft zu ihrer üppigen Entfaltung ausreichte.

In den Elbherzogthümern sind drei Boden-Abschnitte zu unterscheiden, die hügelig-wellige fruchtbare Ostküste mit thonig-mergeligen Böden (östliche Seenplatte), reich bewaldet; die steppenartige Mittelebene (Mittelrücken) mit vielfach flugsandähnlichem, fast immer armen Sandboden (mit Ortstein und häufiger Torfbildung); endlich die gänzlich unbewaldete Marschebene des Westens mit überaus fruchtbarem Auboden.

X. Klimatologie.

Das heutige Deutschland, zwischen $23\,^1/_2$ und $40^1/_2°$ östlicher Länge von Ferro, $47^1/_3$ und $56°$ nördlicher Breite gelegen, bietet in seinen klimatischen Erscheinungen nicht jene Mannigfaltigkeit, jenen raschen Wechsel der jährlichen Wärmemenge, wie sie besonders im weiteren Osten bei gleicher Breitenentwickelung beobachtet wird.

Die von den deutschen Stationen des mitteleuropäischen meteorologischen Beobachtungssystemes verzeichneten und neuerdings von Dove zusammengestellten 20jährigen Wärmemittel ergeben als Minimal-Jahrestemperatur (Brocken 1140 M. über dem Meere) 2,04° R.; als Maximal-Jahres-Temperatur 8,46° (Dürkheim in der Pfalz, ca. 90 M.), für Bromberg aber noch 6,02°.

Diese Erscheinung findet in zwei Umständen ihre Erklärung; in dem Vorhandensein eines bedeutenden Meeres im Norden von Deutschland, in dem Aufsteigen des deutschen Gebietes gegen Süden in bergigen Terrassen bis zu dem europäischen Centralgebirge.

---

1) Forstliche Verhältnisse von Hannover. S. 37.

Beide. wirken in derselben Richtung, ausgleichend, die Extreme ver=
mittelnd. Es zeigen daher nur die der klimatischen Einwirkung des
osteuropäischen Flachlandes unterliegenden Nordostländer Deutschlands
extreme Temperaturschwankungen während des Jahres (Arys 18,18°,
Tilsit 18,01° Differenz zwischen dem wärmsten Monate mit einem
Wärmemittel von 13,45° und 13,53° und dem kältesten Monate mit
—3,51, bez. —2,90°). Ihnen nahe stehen die dem klimatischen Ein=
flusse der Karpathen und des Ostflachlandes ausgesetzten schlesischen
Stationen Tarnowitz (Diff. 17,32°), Glatz (17,28°), Ratibor (17,24°),
Neiße (17,37°). Letztere haben wenig abweichende Sommertempera=
turen (Tarnowitz 13,27°; Glatz 13,48°; Ratibor 14,10°; Neiße 14,18°),
jedoch etwas mildere Wintertemperaturen (Tarnowitz —2,37°; Glatz
—1,92°; Ratibor —1,93°; Neiße —1,12°), daneben erheblich höhere
Frühlings= und Herbstwärme, also ein der Vegetation günstigeres
Klima. (Vergl. Tafel III. und IV.)

Im übrigen Deutschland hat nur das 211 Meter ü. d. M. (Erd=
fläche am Kirchthurm) gelegene Mergentheim an der Tauber eine
Differenz zwischen dem wärmsten und kältesten Monate von über 17°,
dabei aber 15,52° m. Sommertemperatur, nur —0,12° m. Winter=
temperatur und Temperaturmittel im Frühling und Herbste von 7,66°
und 7,73°, also aus hier nicht näher aufzuklärenden Gründen eine
für seine geographische Lage abnorme Winterkälte (Cannstadt +0,92;
Heilbronn +1,53; Stuttgart, welches 265 M. hoch liegt, 1,31°).
Temperaturdifferenzen von 16—17 Grad haben Memel, Neu=Stern=
berg, Conitz, Königsberg, Landshut, Elbing, Bromberg, Reichenstein,
Posen, Bodenbach, Cöthen, Eisleben.

15—16 Grad:

Rohrfeld, Hinter=Hermsdorf, Köslin, Landeck, Landskrone, Zittau,
Lüneburg, Berlin, Dresden, Braunschweig, Hohenheim, Frankfurt,
Basel, Cannstatt und Mannheim.

14—15 Grad:

Kirche Wang, Reitzenhain, Georgengrün, Hohenzollern, Putbus,
Elster, Lauenburg, Ballenstedt, Hechingen, Plauen, Heiligenstadt, Jena,
Gotha, Zwickau, Aschersleben, Altona, Marburg, Kreuznach, Trier,
Darmstadt, Heilbronn, Stuttgart, Dürkheim.

13—14 Grad:

Clausthal, Ziegenrück, Birkenfeld, Wernigerode, Wetzlar, Aachen,
Crefeld, Bonn, Colberg.

12—13 Grad:

Brocken.

Tafel III. **Klimatologie von Deutschland. 20jährige Wärmemittel (R.) nach Dove.**

Station.	Mittlere monatliche Temperaturen nach dem 20jährigen Mittel 1848/67												Mittl. Temper. pro Jahr	Mittlere Temperatur im				Differenz zw. d. w. u. k. Monat
	Januar	Februar	März	April	Mai	Juni	Juli	August	September	October	November	December		Winter	Frühling	Sommer	Herbst	
Brocken	— 3,25	— 3,91	— 3,17	0,55	4,40	7,39	8,35	8,17	6,19	3,30	— 0,81	— 2,83	2,04	— 3,33	0,63	7,97	2,89	12,26
Kirche Wang	— 3,78	— 2,98	— 1,47	2,74	6,32	9,91	10,86	10,65	8,08	5,32	— 0,56	— 2,29	3,57	— 3,02	2,53	10,47	4,28	14,64
Rehefeld	— 3,15	— 2,36	— 0,61	2,80	6,85	10,78	12,19	10,75	8,08	5,17	— 0,05	— 3,39	3,82	— 2,97	3,01	11,24	4,40	15,34
Oberwiesenthal	— 3,14	— 2,25	— 0,77	3,04	7,00	10,85	11,25	10,68	8,31	5,03	— 0,32	— 2,64	3,92	— 2,68	3,09	10,93	3,34	11,39
Reitzenhain	— 3,78	— 2,40	— 0,76	3,05	7,02	9,58	10,92	10,89	8,09	4,77	— 0,64	— 3,39	3,60	— 3,19	3,10	10,46	4,07	14,70
Memel	— 2,75	— 2,05	— 0,52	3,58	8,05	11,95	13,54	13,12	10,33	6,65	1,71	— 0,83	5,23	— 1,88	3,70	12,87	6,23	16,29
Georgengrün	— 2,80	— 1,52	0,07	4,08	7,81	10,24	11,60	11,59	8,92	5,65	0,03	— 2,46	4,43	— 2,26	3,99	11,14	4,87	14,40
Clausthal	— 1,93	— 0,96	0,00	3,86	7,69	11,10	11,71	11,45	9,08	6,13	1,03	— 1,14	4,84	— 1,34	3,85	11,42	5,41	13,64
Neu=Sternberg	— 3,06	— 2,47	— 0,83	4,09	8,85	12,87	13,55	13,33	9,89	6,00	0,91	— 1,47	5,14	— 2,33	4,04	13,25	5,60	16,61
Arys	— 4,48	— 3,63	— 0,92	4,04	9,48	12,82	13,85	13,49	10,05	5,85	0,50	— 2,56	4,85	— 3,51	4,05	13,45	5,42	18,18
Tilsit	— 3,76	— 2,88	— 0,68	4,14	9,03	12,99	14,25	13,36	10,17	5,95	0,65	— 2,06	5,10	— 2,90	4,16	13,53	5,59	18,01
Conitz	— 2,98	— 1,71	— 0,12	4,47	8,87	12,86	13,71	12,93	9,81	6,05	0,74	— 1,57	5,25	— 2,09	4,41	13,17	5,53	16,69
Hohenzollern	— 1,92	— 0,90	0,58	4,65	8,02	10,94	12,03	12,13	9,58	6,13	0,63	— 1,04	5,07	— 1,29	4,42	11,70	5,45	14,05
Hinter=Hermsdorf	— 2,78	— 1,34	0,54	4,34	8,56	11,66	12,50	12,16	9,31	6,40	0,78	— 1,59	5,05	— 1,90	4,48	12,11	5,50	15,28
Königsberg	— 2,98	— 2,03	— 0,15	4,36	8,64	12,47	13,75	13,36	10,44	6,57	1,30	— 1,28	5,31	— 2,13	4,51	13,39	5,47	16,73
Landshut	— 3,56	— 1,96	0,59	4,36	8,89	11,78	13,24	13,08	9,40	6,36	0,58	— 1,29	5,09	— 2,27	4,61	12,70	5,31	16,80
Cöslin	— 1,73	— 0,75	0,79	4,60	8,53	12,22	13,34	12,91	10,26	6,83	1,89	— 0,92	5,66	— 1,13	4,64	12,82	6,33	15,07
Putbus	— 1,14	— 0,15	1,01	4,65	8,57	12,30	13,47	13,13	10,65	7,24	2,03	— 0,13	5,97	— 0,47	4,74	12,97	6,64	14,61
Elster	— 2,30	— 0,66	1,08	4,77	8,62	11,10	12,38	12,02	9,16	5,93	0,59	— 2,07	5,05	— 1,68	4,82	11,83	5,23	14,68
Lauenburg	— 1,22	— 0,45	1,07	4,85	8,75	12,58	13,51	13,50	10,61	7,41	2,20	— 0,81	5,42	— 0,83	4,89	13,20	6,74	14,73
Ballenstedt	— 1,27	— 0,38	0,89	5,31	8,56	12,16	13,10	12,46	9,44	6,59	1,86	— 0,17	5,71	— 0,61	4,92	12,57	5,96	14,37
Landeck	— 2,48	— 1,21	0,69	5,75	8,95	12,21	12,88	12,46	9,76	6,78	0,93	— 1,89	5,40	— 1,86	5,13	12,52	5,82	15,36
Elbing	— 2,59	— 1,09	1,38	5,53	10,14	13,09	14,19	13,65	11,36	7,60	2,15	— 0,33	6,26	— 0,76	5,15	13,84	6,84	16,78
Tarnowitz	— 3,39	— 1,81	0,34	5,60	9,71	12,48	13,93	13,39	10,57	6,35	1,83	— 1,91	5,59	— 2,37	5,22	13,27	6,25	17,32
Landskrone	— 2,33	— 1,02	1,10	5,39	9,40	12,47	13,60	13,47	10,41	6,82	0,98	— 1,71	5,71	— 1,69	5,29	13,18	6,07	15,93
Bromberg	— 2,15	— 1,09	0,86	5,37	9,70	13,61	14,55	13,65	10,38	6,65	1,52	— 0,82	6,02	— 1,35	5,31	13,94	6,18	16,70
Ziegenrück	— 1,36	— 0,03	2,09	5,21	8,79	12,02	12,60	12,40	9,62	6,44	1,75	— 0,64	5,74	— 0,68	5,36	12,34	5,94	13,96
Birkenfeld	— 1,03	0,07	1,68	5,53	8,86	12,15	12,66	12,24	9,50	6,38	1,96	— 0,08	5,83	— 0,35	5,36	12,35	5,95	13,69
Hechingen	— 1,88	— 0,04	1,89	5,51	8,92	12,17	13,02	12,56	10,03	6,49	1,66	— 1,09	5,77	— 1,00	5,44	12,58	6,06	14,90

Reichenstein	−2,50	−0,64	1,35	5,33	9,71	12,50	13,90	13,95	10,58	6,84	1,67	−0,45	6,02	−1,20	5,46	13,45	6,36	16,40
Plauen	−1,68	−0,16	1,78	5,48	9,32	11,62	13,09	12,89	9,97	6,47	1,15	−1,37	5,71	−1,07	5,53	12,53	5,86	14,77
Wernigerode	−0,20	0,77	1,99	5,53	9,26	12,53	13,67	13,18	10,80	7,63	2,56	0,80	6,54	0,46	5,59	13,13	7,00	13,87
Heiligenstatt	−0,75	0,49	1,83	5,60	9,39	12,75	13,40	12,84	10,25	7,15	2,19	0,18	6,53	−0,04	5,61	13,00	6,53	14,15
Glatz	−3,22	−1,12	1,21	5,84	9,99	12,69	14,06	13,68	10,45	6,84	2,24	−1,41	5,94	−1,92	5,68	13,48	6,51	17,28
Posen	−2,05	−0,84	1,17	5,82	10,13	13,87	14,56	14,04	10,74	7,14	1,66	−0,93	6,28	−1,27	5,71	14,16	6,51	16,61
Jena	−0,97	0,42	2,13	5,88	9,18	12,47	13,29	13,00	10,19	6,70	2,07	−0,39	6,16	−0,31	5,73	12,92	6,32	14,62
Gotha	−1,19	0,31	1,91	5,85	9,44	12,76	13,64	13,31	10,55	7,09	1,93	−0,56	6,25	−0,48	5,73	13,24	6,52	14,83
Zittau	−1,25	−0,34	1,78	5,78	9,76	12,98	13,94	13,62	10,61	7,33	1,98	−0,55	6,30	−0,71	5,77	13,51	6,64	15,19
Ratibor	−2,68	−1,13	1,46	6,07	10,38	13,78	14,56	13,97	10,75	7,20	1,43	−1,97	6,15	−1,93	5,97	14,10	6,46	17,24
Aschersleben	−1,16	−0,38	1,93	5,94	9,95	13,01	13,80	13,73	10,88	7,11	2,34	0,39	6,45	−3,38	5,98	13,51	6,78	14,96
Wetzlar	−0,27	0,73	2,76	6,45	9,44	11,61	12,74	12,42	10,27	6,44	3,24	0,77	6,41	0,41	6,22	12,26	6,65	13,01
Zwickau	−0,97	0,60	2,46	6,26	10,13	12,37	13,62	13,36	10,49	7,10	1,99	−0,64	6,40	−0,34	6,28	13,12	6,53	14,59
Lüneburg	−0,69	0,73	2,40	6,27	10,18	13,66	14,48	13,96	11,21	7,80	2,70	0,63	6,94	0,22	6,28	14,03	7,24	15,17
Neiße	−2,73	−0,66	2,07	6,65	10,65	13,66	14,64	14,25	11,34	7,70	3,12	0,03	6,73	−1,12	6,46	14,18	7,39	17,37
Berlin	−0,67	0,71	2,47	6,56	10,50	14,06	14,82	14,43	11,51	7,90	2,67	0,56	7,12	0,20	6,51	14,44	7,36	15,49
Bodenbach	−1,95	−1,12	2,13	6,65	10,93	13,93	15,00	14,50	11,40	7,68	2,78	−0,08	6,82	−1,08	6,57	14,48	7,29	16,95
Cöthen	−1,48	0,28	2,68	6,65	10,66	13,38	14,77	14,47	11,70	7,78	3,56	1,39	7,15	0,06	6,66	14,21	7,68	16,25
Altona	−0,36	1,06	2,71	7,10	10,60	13,87	14,53	14,27	11,28	7,78	3,62	1,03	7,18	0,58	6,86	14,28	7,56	14,89
Marburg	−0,63	0,81	3,16	7,03	10,40	13,68	13,62	13,44	11,33	6,89	2,81	1,32	6,99	0,50	6,86	13,58	7,01	14,31
Dresden	0,02	1,22	3,08	6,69	10,72	14,00	14,77	14,35	11,51	8,11	3,10	0,78	7,22	0,61	6,88	14,23	7,39	15,20
Aachen	0,33	1,95	3,44	6,95	10,45	13,32	13,75	13,68	11,41	7,86	4,78	1,79	7,41	1,36	6,95	13,58	8,02	13,42
Crefeld	0,82	1,90	3,32	7,07	10,54	13,53	14,38	13,96	11,50	8,08	3,48	1,67	7,52	1,46	6,98	13,96	7,69	13,56
Braunschweig	−0,80	0,63	3,03	7,06	10,94	13,93	14,97	14,39	11,58	8,16	3,59	1,42	7,41	0,42	7,01	14,43	7,78	15,77
Hohenheim	−0,68	0,48	3,07	7,20	11,11	14,09	14,95	14,63	11,50	7,59	3,12	−0,19	7,24	−0,13	7,13	14,56	7,40	15,63
Eisleben	−2,53	−0,60	4,06	7,30	10,55	12,56	14,10	13,62	11,26	7,42	3,20	0,62	6,79	−0,84	7,30	13,43	7,29	16,63
Bonn	1,00	2,35	3,88	7,49	10,83	13,61	14,84	14,56	11,92	8,63	3,88	1,82	7,90	1,72	7,40	14,34	8,14	13,84
Kreuznach	0,19	1,91	3,67	7,73	10,95	14,12	14,98	14,73	11,93	8,13	3,34	1,01	7,73	1,05	7,45	14,61	7,80	14,79
Frankfurt	0,00	1,69	3,58	7,83	11,10	14,53	15,49	15,05	12,16	8,25	3,31	0,82	7,68	0,84	7,50	15,02	7,91	15,49
Basel	−0,33	1,12	3,82	7,71	11,32	14,13	15,42	14,91	11,95	8,27	3,67	0,84	7,74	0,54	7,63	14,82	7,96	15,75
Mergentheim	−1,57	0,90	3,40	7,64	11,94	15,28	15,84	15,43	12,31	7,81	3,06	0,32	7,69	−0,12	7,66	15,52	7,73	17,41
Coblenz	1,31	2,69	4,09	7,91	11,15	14,32	15,04	14,95	12,24	8,81	4,21	2,00	8,23	2,00	7,72	14,77	8,42	13,73
Cannstadt	0,17	1,78	3,79	8,02	11,41	14,34	15,32	14,87	11,79	8,07	3,34	0,81	7,81	0,92	7,74	14,84	7,73	15,15
Trier	0,66	2,10	3,68	7,56	10,63	13,77	14,52	14,23	11,60	8,31	3,67	1,45	7,93	1,40	7,79	14,54	7,99	14,49
Darmstadt	0,96	2,22	4,12	8,14	11,46	14,77	15,53	15,23	12,33	8,99	3,89	1,60	8,27	1,56	7,91	15,18	8,40	14,57
Heilbronn	0,75	2,19	3,98	8,25	11,52	14,63	15,52	15,22	12,25	8,70	3,80	1,34	8,18	1,43	7,92	15,12	8,25	14,77
Stuttgart	0,57	2,16	4,09	8,21	11,55	14,62	15,53	15,17	12,25	8,62	3,79	1,19	8,15	1,31	7,95	15,11	8,22	14,96
Dürkheim	1,00	2,46	3,36	8,84	11,92	15,06	15,95	15,46	12,73	8,89	4,15	1,86	8,46	1,77	8,04	15,49	8,59	14,95
Mannheim	0,35	1,81	4,12	8,37	12,29	15,24	16,16	15,33	12,74	8,38	3,61	1,02	8,28	1,06	8,26	15,58	8,21	15,81

Tafel IV. **Vergleichung einiger kalten (1848, 1861), milden (1866) und mittleren (1858, 1867) Winter mit den Sommerwärme-Mitteln.**

		Januar	Februar	März	April	Mai	Juni	Juli	August	September	October	November	December	Differenz des wärmsten und kältesten Monats
Tilsit.	1848	— 10,91	— 0,72	2,36	7,59	9,07	13,62	13,20	12,41	9,03	6,53	1,03	0,06	24,53
	1858	— 3,36	— 5,17	— 1,27	3,58	9,68	14,03	16,51	16,00	11,34	7,12	— 2,23	— 2,54	19,87
	1866	0,87	— 2,04	0,17	5,74	7,80	14,78	13,09	13,01	12,71	4,87	0,63	— 1,61	13,91
Puttbus.	1861	— 3,88	1,13	3,29	3,85	7,10	13,32	14,83	13,55	9,99	7,63	3,05	1,37	18,62
	1867	— 1,28	1,87	— 0,29	4,42	6,36	11,38	11,78	13,12	10,19	6,52	2,24	— 1,60	14,40
	1866	2,53	1,88	0,83	5,66	7,05	13,42	12,74	12,34	11,82	5,95	2,73	0,83	10,89
Berlin.	1848	— 7,58	2,37	4,24	8,25	10,86	14,55	14,40	13,14	10,37	8,32	3,12	1,30	22,06
	1858	— 1,16	— 3,05	1,35	6,30	9,69	16,23	14,87	15,19	12,80	8,03	— 0,14	0,68	17,39
	1856	3,41	3,31	2,15	8,13	8,53	15,76	13,84	13,56	13,54	6,12	3,20	2,01	12,35
Dresden.	1848	— 4,66	4,12	5,56	9,54	11,17	15,27	15,25	14,02	10,86	8,96	4,17	1,72	19,89
	1858	— 1,27	— 2,41	1,83	6,05	9,20	15,46	14,19	13,93	12:64	7,74	— 1,47	1,46	16,73
	1866	3,82	4,05	2,81	7,96	8,67	15,37	13,64	13,14	13,95	5,19	3,95	2,29	11,55
Altona.	1861	— 3,81	3,02	4,93	6,24	8,99	15,17	15,33	14,96	11,35	9,21	4,81	2,97	19,14
	1867	— 0,36	4,04	0,98	6,44	9,31	12,81	12,88	14,48	11,80	7,57	3,85	0,05	14,84
	1866	3,89	3,74	2,27	7,49	8,33	14,88	13,42	13,24	12,50	6,77	4,02	2,60	10,99
Frankfurt a. M.	1848	— 4,56	3,65	5,15	8,90	12,55	14,85	15,75	14,85	12,30	9,00	4,20	1,05	20,40
	1858	— 1,34	— 0,77	2,81	7,75	10,32	17,81	15,18	15,28	13,95	7,89	— 0,90	1,87	19,15
	1866	3,47	4,10	3,88	8,55	9,15	15,46	14,13	13,45	12,63	6,69	4,72	3,04	11,99
Stuttgart.	1848	— 4,82	3,39	4,92	8,08	12,21	14,73	15,45	14,92	11,42	8,42	3,29	1,37	20,27
	1858	— 1,51	— 0,36	3,41	8,86	9,95	16,90	14,93	14,43	14,27	8 83	0,52	2,43	18,41
	1866	4,32	5,06	4,81	9,69	9,78	15,81	15,43	13,93	13,26	7,01	5,16	3,60	11,49

11—12 Grad:

Oberwiesenthal.

Wir haben also die schroffsten Differenzen im Osten und Nord=
osten, die geringsten entweder in den mildesten Lagen mit hoher Som=
merwärme und hoher Wintertemperatur (Wetzlar, Aachen, Bonn, Co=
blenz), oder in den rauhesten Lagen mit sehr geringer Sommerwärme
(Brocken, Oberwiesenthal, Clausthal, Birkenfeld u. s. w.). Als die
mittlere Differenz zwischen den Temperaturen des kältesten und wärm=
sten Monates darf in Deutschland 15° angenommen werden. Weit
prägnanter treten die Extreme hervor, wenn, wie dies in Tafel IV.
geschehen ist, aus einem längeren Zeitraume die wärmsten, mittleren
und kältesten Jahre verglichen werden. In den kalten Jahren 1848
(1861) betrugen obige Schwankungen für

> Tilsit (Nordosten) 24,53°,
> Putbus (Seenähe) 18,62°,
> Berlin (Binnenflachland) 22,06°,
> Dresden (Mitteldeutschland) 19,89°,
> Altona (Nordsee) 19,14°,
> Frankfurt a. M. (Südwestdeutschland) 20,40°,
> Stuttgart (Süddeutschland) 20,27°,

bei einer mittleren Temperatur des Januar und April

Tilsit von	−10,91	7,59
Putbus von	— 3,89	3,86
Berlin „	— 7,56	8,25
Dresden von	— 4,66	9,54
Altona „	— 3,81	6,24
Frankfurt a. M. von	— 4,65	8,90
Stuttgart von	— 4,82	8,08

des Juli und October

Tilsit	13,20	nnd	6,53
Putbus	14,83	„	7,63
Berlin	14,40	„	8,32
Dresden	15,25	„	8,97
Altona	15,33	„	9,21
Frankfurt a. M.	15,75	„	9,00
Stuttgart	15,45	„	8,42

Die bedeutenden Wärmeschwankungen sind im Nordosten durch die
sehr große Winterkälte hervorgebracht; der Einfluß des Seeklimas zeigt
sich bei Putbus und Altona eklatant; die Herrschaft des Nordostpassats
im südlichen und westlichen Deutschland spricht sich in der relativ

niedrigen Wintertemperatur (Januar) der Binnenlandsstationen aus, welche nach 20jährigen Mitteln Januarwärmemittel haben

Berlin von — 0,67

Dresden von + 0,02

Frankfurt von ± 0,00

Stuttgart von + 0,57.

In dem warmen Winter 1866 hatte Tilsit ein Wärmemittel im Januar von + 0,87, Putbus + 2,53, Berlin + 3,41, Dresden + 3,82, Altona + 3,89, Frankfurt + 3,47, Stuttgart + 4,32. Es ergaben sich in diesem Jahre Differenzwerthe von 13,91 (Tilsit), 10,89 (Putbus), 12,35 (Berlin), 11,55 (Dresden), 10,99 (Frankfurt), 11,49 (Stuttgart), sämmtlich weit unter dem 20jährigen Mittel.

Es erhellt, daß

1) die nordöstliche Abweichung sich weit schroffer in den größten Temperaturdifferenzen einzelner Jahre, als in der mittleren Jahrestemperatur langer Zeiträume ausspricht;
2) der klimatische Charakter einer Gegend sich weit sicherer in der Temperatur-Maximal-Differenz, als in der mittleren Jahrestemperatur ausspricht.

Die Vegetation wird bedingt durch die Maximal- und Minimal-Temperaturen und durch die Wärmemenge der Vegetationsperiode. Wollen wir daher ein statistisches Bild von der thermischen Grundlage der Waldvegetation in Deutschland gewinnen, so müssen neben jenen Differenz-Maximalwerthen, den Wärme-Maximal- und Minimalwerthen vor allen Dingen die Wärmemengen der Uebergangs-Jahreszeiten ins Auge gefaßt werden.

Hiernach sind Tafel V. und VI. konstruirt.

In Deutschland findet von unseren Hauptholz-Arten die Buche ihre Polargrenze in der Linie Königsberg-Gerbauen-Oletzko; die Edelkastanie in einer von Düsseldorf über Köln, Süd-Westerwald, Vogelsgebirge, Rhön, Thüringerwald, Fichtelgebirge verlaufenden, Oberschlesien nicht mehr berührenden Linie; von nicht forstlichen Gewächsen der Weinstock ungefähr in der Linie Trier-Koblenz-Köln-Deutz-Ehrenbreitstein-Südtaunus-Frankfurt a. M.-Wetzlar-Südvogelsgebirge-Aschaffenburg-Schweinfurt-Südthüringerwald-Leipzig-Wittenberg-Grüneberg-Oderthal bis Ratibor; der Mais in der Linie Trier-Kassel-Magdeburg-Berlin-Breslau. Die nördlichen Verbreitungsgrenzen der immergrünen Laubhölzer und des Delbaumes erreichen die Südgrenze Deutsch-

lands nicht. Für die Kiefer bildet letztere fast genau die südliche Ver=
breitungsgrenze [1]).

Die Beschaffenheit des Luftmeeres und die atmosphärischen Nieder=
schläge einiger Hauptpunkte Nord= und Mitteldeutschlands zeigt Tafel VII.
für 1868 und 1869 (ein sehr warmes und ein kühles Jahr) [2]).

Die Verhältnisse des Luftdruckes und der Niederschläge, verglichen
mit der Luftwärme, gehören in das klimatologische Bild nothwendig
hinein. Auf ihnen beruhen die lokalen Luftströmungen, welche in dem
Beobachtungsgebiete oder dessen nächster Umgebung ihre Entstehung
finden, über deren Gestaltung in Deutschland uns allerdings ebenso
noch genaue Angaben fehlen; wie über das geographische System der
Luftströmungen auf der Erdoberfläche überhaupt.

Wie aus Tafel VIII. hervorgeht, bedeckt der Wald in Deutsch=
land fast ein Viertel der Oberfläche und es kann behauptet werden,
daß unser Vaterland im Ganzen eine ausreichende Bewaldung
besitzt.

Allein die Frage, ob die Bewaldung eines Landes ausreichend ist,
läßt sich nach großen Durchschnittszahlen überhaupt nicht beurtheilen.
Alle Functionen des Waldes, welche von allgemeiner Bedeutung für
die Kulturfähigkeit des Landes sind, äußern sich in örtlicher Begren=
zung. Das, was der Wald uns in rein wirthschaftlicher Beziehung
ist, gehört allerdings mehr der allgemeinen Verkehrsverkettung an, ist
heute nicht mehr streng lokal; aber dennoch findet auch hier, trotz
der verbesserten Transportmittel und der dadurch bedingten höheren
Transportfähigkeit der Waldprodukte, die Bedeutung des erzeugenden
Waldes ziemlich enge Schranken, und wir haben daher für das Bild
der Bewaldung Deutschlands einen engeren Rahmen, für die Gewin=
nung von Mittelzahlen engere Gebiete zu wählen.

Es ist dies in Tafel IX. geschehen. Aus derselben geht klar her=
vor, wie die Bewaldung von Süden nach Norden abnimmt. Gleich=
mäßig verringern sich auch die Bewaldungsprozente, wenn wir im
norddeutschen Flachlande ost=westwärts vorschreiten. Hier hat die Pro=
vinz Preußen noch 20 pCt., Pommern 19,8, Mecklenburg 13,7,
Schleswig=Holstein 4 pCt., Hannover 8,6 (Aurich nur 2), Oldenburg
4,3 pCt. Es liegt demnach das waldleerste Gebiet im Nordwesten
unseres Vaterlandes.

---

[1]) Ueber die Verbreitung der Holzarten s. unten.

[2]) Mittelzahlen für längere Zeiträume fehlen vorläufig, haben übrigens auch
für diese Verhältnisse geringeren Werth, als für die Wärmenotirungen.

Frühjahrs- und Herbst-

Oestl. Länge-Grad	38¾°	39½°	39½°	38¾°	35⅔°	36°	31°	27½°	31°	31½°	28¼°
Ort	Memel	Arys	Tilsit	Königsberg	Bromberg	Ratibor	Puttbus	Altona	Berlin	Dresden	Brocken
Höhe über der Nordsee Meter	7	120	10	5	53	198	15	10	36	115	1140
Nördl. Breite-Grad	55¼°	55¾°	55°	54¾°	53⅙°	50°	54½°	53½°	52½°	51°	51¾°
Mit Frühlings-Temperatur-											
Mitteln über 8°											
desgl. von 7½—8°											
desgl. von 7—7½°											
desgl. von 6½—7°								6,86	6,51	6,88	
desgl. von 6—6½°											
desgl. von 5½—6°						5,97					
desgl. von 5—5½°					5,31						
desgl. von 4½—5°				4,51			4,74				
desgl. von 4—4½°		4,05	4,16								
desgl. von 3—4°	3,70										
desgl. unter 2°											0,63
Mit Herbst-Temperatur-											
Mitteln über 8°											—
desgl. von 7½—8°								7,56			
desgl. von 7—7½°									7,36	7,39	
desgl. von 6½—7°							6,64				
desgl. von 6—6½°	6,23				6,18	6,46					
desgl. von 5½—6°			5,59								
desgl. von 5—5½°		5,42		5,47							
desgl. von 4—5°											
desgl. unter 4°											2,89

V.

Wärmemittel (R.) nach Dove.

Wernigerode	Jena	Lüneburg	Braunschweig	Eisleben	Frankfurt	Cannstadt	Stuttgart	Bonn	Kreuznach	Mannheim	Dürkheim	Basel	Birkenfeld	Trier	Aachen
28¼°	29⅓°	28°	28¼°	29¼°	26½°	26¾°	26¾°	24¾°	25½°	26°	25¾°	25¼°	24¾°	24⅓°	23⅔°
246	190	14			100	222	265	46	109	70		284	358	130	195
51¼°	51°	53¼°	52¼°	51½°	50°	48¾°	48¼°	50¼°	49¼°	49½°	49½°	47½°	49⅔°	49⅔°	50⅔°
·	·	·	·	·	·	·	·	·	·	8,26	8,04	·	·	·	·
·	·	·	·	·	7,50	7,74	7,95	·	·	·	·	7,63	·	7,79	·
·	·	·	7,01	7,30	·	·	·	7,40	7,45	·	·	·	·	·	·
·	·	·	·	·	·	·	·	·	·	·	·	·	·	·	6,95
·	·	6,28	·	·	·	·	·	·	·	·	·	·	·	·	·
5,59	5,73	·	·	·	·	·	·	·	·	·	·	·	·	·	·
·	·	·	·	·	·	·	·	·	·	·	·	·	5,36	·	·
·	·	·	·	·	·	·	·	·	·	·	·	·	·	·	·
·	·	·	·	·	·	·	·	·	·	·	·	·	·	·	·
·	·	·	·	·	·	·	·	·	·	·	·	·	·	·	·
·	·	·	·	·	·	·	·	·	·	·	·	·	·	·	·
·	·	·	·	·	·	·	·	·	·	·	·	·	·	·	·
·	·	·	·	·	·	·	8,22	8,14	·	8,21	8,59	·	·	·	8,02
·	·	·	7,78	·	7,91	7,73	·	·	7,80	·	·	7,96	·	7,99	·
7,00	·	7,24	·	7,29	·	·	·	·	·	·	·	·	·	·	·
·	6,32	·	·	·	·	·	·	·	·	·	·	·	·	·	·
·	·	·	·	·	·	·	·	·	·	·	·	·	5,95	·	·
·	·	·	·	·	·	·	·	·	·	·	·	·	·	·	·
·	·	·	·	·	·	·	·	·	·	·	·	·	·	·	·
·	·	·	·	·	·	·	·	·	·	·	·	·	·	·	·
·	·	·	·	·	·	·	·	·	·	·	·	·	·	·	·

Tafel VI. **Wärmemittel der kältesten**

	Memel	Arys	Tilsit	Königsberg	Bromberg	Ratibor	Putbus	Altona	Berlin	Dresden	Brocken
Oestl. Länge-Grade	38¾°	38½°	39½°	38¾°	35⅔°	36°	31°	27½°	31°	31½°	28¼°
Höhe über der Nordsee Meter	7	120	10	5	53	198	15	10	36	115	1140
Nrdl. Breite-Grade	55¾°	53¾°	55°	54¾°	53⅙°	50°	54½°	53½°	52½°	51°	51¾°
Wärme-Minimum.											
1° — 1,5°											
± 0,0° — 1,0°										0,02	
— 0,5° — ± 1,0°								—0,36			
— 1° bis — 0,5°									—0,67		
— 1,5° bis — 1°							—1,14				
— 2° bis — 1,5°											
— 2,5° bis — 2°					—2,15						
— 3° bis — 2,5°	—2,75			—2,98		—2,68					
— 3,5° bis — 3°											—3,25
— 4° bis — 3,5°			—3,76								
— 5° bis — 4°		—4,48									
Wärme-Max. über 16°											
15½ — 16°											
15 — 15½°											
14½ — 15°					14,55	14,56		14,53	14,82	14,77	
14 — 14½°			14,25								
13½ — 14°	13,54	13,85		13,75							
13 — 13½°							13,47				
12½ — 13°											
12 — 12½°											
11 — 12°											
10 — 11°											
9 — 19°											
8 — 9°											8,35
Differenz über 16°	16,29	18,18	18,01	16,73	16,70	17,24					
15 — 16°									15,49	15,20	
14 — 15°							14,61	14,89			
13 — 14°											
unter 13°											12,26

und wärmsten Monate (R.) nach Dove.

28⅓°	29⅓°	28°	28¼°	29¼°	26½°	26¼°	26¼°	24¾°	25½°	26°	25¾°	25¼°	24¾°	24⅓°	23⅔°
Wernigerode	Jena	Lüneburg	Braunschweig	Eisleben	Frankfurt	Cannstadt	Stuttgart	Bonn	Kreuznach	Mannheim	Dürkheim	Basel	Birkenfeld	Trier	Aachen
246	190	14			100	222	265	46	109	80		284	358	130	195
51¼°	51°	53¼°	52¼°	51½°	50°	48¾°	48¼°	50¼°	49¾°	49½°	49½°	47½°	49⅔°	49⅔°	50⅔°
.	.	.	.	.	.	.	.	1,0	.	.	1,0	.	.	.	.
.	.	.	.	.	.	0,17	0,57	.	0,19	0,35	.	.	.	0,66	0,33
0,2	.	.	.	.	0,0	.	.	.	.	.	.	−0,33	.	.	.
.	−0,97	−0,69	−0,8	.	.	.	.	.	.	.	.	.	.	.	.
.	.	.	.	.	.	.	.	.	.	.	.	.	−1,03	.	.
.	.	.	.	.	.	.	.	.	.	.	.	.	.	.	.
.	.	.	.	−2,53	.	.	.	.	.	.	.	.	.	.	.
.	.	.	.	.	.	.	.	.	.	.	.	.	.	.	.
.	.	.	.	.	.	.	.	.	.	.	.	.	.	.	.
.	.	.	.	.	.	.	.	.	.	16,16	.	.	.	.	.
.	.	.	.	.	.	.	.	.	.	.	15,95	.	.	.	.
.	.	.	.	.	.	.	15,53	.	.	.	.	.	.	.	.
.	.	.	.	.	15,49	15,32	.	.	.	.	.	15,42	.	.	.
.	.	.	14,97	.	.	.	.	14,84	14,98	.	.	.	.	.	.
.	.	.	.	.	.	.	.	.	.	.	.	.	.	14,52	.
.	.	14,48	.	.	.	.	.	.	.	.	.	.	.	.	.
.	.	.	.	14,1	.	.	.	.	.	.	.	.	.	.	.
13,67	.	.	.	.	.	.	.	.	.	.	.	.	.	.	13,75
.	13,29	.	.	.	.	.	.	.	.	.	.	.	.	.	.
.	.	.	.	.	.	.	.	.	.	.	.	.	12,66	.	.
.	.	.	.	.	.	.	.	.	.	.	.	.	.	.	.
.	.	.	.	.	.	.	.	.	.	.	.	.	.	.	.
.	.	.	.	16,63	.	.	.	.	.	.	.	.	.	.	.
.	.	15,17	15,77	.	15,49	15,15	.	.	.	15,81	.	15,75	.	.	.
.	14,62	.	.	.	.	.	14,96	.	14,79	.	14,95	.	.	14,49	.
13,87	.	.	.	.	.	.	.	13,84	.	.	.	.	13,69	.	13,43
.	.	.	.	.	.	.	.	.	.	.	.	.	.	.	.

Tafel VIII. Gesammtfläche, Waldfläche, Einwohnerzahl nach Staaten.

Staaten.	Gesammt-fläche. Hekt.	Wald-fläche. Hekt	Einwoh-nerzahl am 3. Dez. 1867.	Zahl der Haushaltungen am 3. Dez. 1867.	Prozentaler Flächen-Antheil des Waldes.	Waldfläche pro Kopf der Bevöl-kerung. Hekt.	Waldfläche pro Haushaltung.	Bevölkerungs-Dich-tigkeit pro ☐ Myrie.	Bemer-kungen.
Preußen.....	34,831,924	8,137,353	24,019,567	4,821,311 à 5 Seelen	23,4	0,339	1,70	6,896	Quellen:
Baiern......	7,585,738	2,596,831	4,824,421	1,247,546 à 3,86 Seel.	34,4	0,536	2,08	6,373	Leo, Forſtſta-tiſtik.
Würtemberg .	1,950,597	595,102	1,778,396	.	30,5	0,335	.	9,117	Forſtverwal-tung Bai-erns.
Baden......	1,530,967	510,924	1,434,970	.	33,4	0,356	.	9,373	
Sachsen.....	1,496,644	472,419	2,423,401	.	31,6	0,195	.	16,193	Bernhardt, Forſt-Verh. v. Deutſch-Lothringen
Mecklenburg-Schwerin ..	1,344,078	163,567	560,618	.	12,2	0,292	.	4,171	
Mecklenburg-Strelitz....	272,482	57,949	98,770	.	21,3	0,587	.	3,625	Die Fläche v. Preußen iſt angegeben excl Haffe.
Hessen.......	768,886	240,083	823,138	.	31,2	0,292	.	10,705	
Oldenburg ...	639,885	44,793	315,622	.	7,0	0,142	.	4,932	
Sachsen - Wei-mar......	363,548	90,937	283,044	.	25,0	0,321	.	7,787	
Braunschweig	369,010	114,520	303,401	.	31,0	0,377	.	8,222	
Sachsen - Al-tenburg ...	132,139	39,815	141,426	.	30,1	0,282	.	10,706	
Sachsen - Mei-ningen	247,596	93,426	180,335	.	37,7	0,518	.	7,283	
Sachsen - Co-burg-Gotha	196,723	59,330	168,735	.	30,2	0,342	.	8,578	
Anhalt......	265,820	55,851	197,041	.	21,0	0,283	.	7,413	
Waldeck.....	112,098	44,407	56,805	.	39,6	0,782	.	5,067	
Lippe-Detmold	113,420	33,936	111,352	.	29,9	0,305	.	9,819	
L. - Schaum-burg......	44,322	8,682	31,186	.	19,6	0,278	.	7,040	
Schwarzburg-Rudolstadt .	96,792	38,597	75,074	.	39,9	0,439	.	7,756	
Schwarzburg-Sonders-hausen	86,056	25,223	67,500	.	29,3	0,374	.	7,840	
Reuß ä. L. ..	27,474	27,474	43,889	.	41,7	0,261	.	15,960	
Reuß j. L....	82,918	34,117	88,097	.	41,3	0,389	.	10,627	
Hamburg....	40,303	697	306,507	.	1,7	0,002	.	76,056	
Lübeck.......	27,804	3,028	48,538	.	10,9	0,062	.	17,460	
Bremen	27,745	167	109,572	.	0,6	0,002	.	42,635	
Elsaß-Lothrin-gen.......	1,449,800	451,313	1,597,765	.	31,1	0,282	.	11,020	Auf den Kopf der Bevölke-rung i. gan-zen Reiche kommenrund
Reich.......	54,102,769	13,940,541	40,089,170	.	25,7	0,348	.	.	1,3 Hkt. Ge-sammtfläche.

Additional information of this book

(Forststatistik Deutschlands; 978-3-642-50347-4;

978-3-642-50347-4_OSFO1) is provided:

http://Extras.Springer.com

Tafel IX. Gesammtfläche, Waldfläche. Einwohnerzahl nach natürlichen Gebieten.

Gebiet.	Gesammt-fläche. Hektaren.	Wald-fläche. Hektaren	Einwoh-nerzahl 1867.	Prozentaler Flächen-antheil d. Waldes.	Waldfläche pro Kopf der Bevölkerung.	Bemerkungen.
I. Süddeutsches Gebirgs- und Bergland.						
Baiern.........	7,585,738	2,596,831	4,824,421	34,4	0,536	
Würtemberg	1,950,597	595,102	1,778,396	30,5	0,335	
Baden.........	1,530,967	510,924	1,434,970	33,4	0,356	
Hohenzollern	114,195	38,290	64,632	33,5	0,592	
Elsaß-Lothringen .	1,449,800	451,313	1,597,765	31,1	0,282	Auf den Kopf der Be-völkerung kommen rund 1,3 Hektare von der Gesammt-fläche.
Summa I.	12,631,297	4,192,460	9,700,184	33,2	0,430	
II. Mitteldeutsches Berg- und Hügelland.						
Provinz Schlesien	4,025,828	1,192,366	3,585,752	29,6	0,332	
Sachsen........	1,496,644	472,419	2,423,401	31,6	0,195	
Sachsen-Alten-burg						
Sachsen-Meinin-gen........	940,006	283,508	733,540	30,1	0,369	
Sachsen-Weimar						
Sachsen-Coburg-Gotha						
Beide Schwarz-burg	182,848	63,820	142,574	34,9	0,447	
Beide Reuß.....	110,392	61,591	131,986	41,4	0,346	
Reg.-Bez. Erfurt .	352,464	83,790	370,072	23,8	0,226	
Pr. Hessen-Nassau	1,633,761	655,750	1,379,745	40,1	0,475	
Großh. Hessen...	768,886	240,083	823,138	31,2	0,292	
Birkenfeld	48,300	19,319	50,000	40,0	0,386	Die Zahlen für Bir-kenfeld sind nicht ge-nau zu ermitteln gewesen.
Preuß. Rheinpro-vinz	2,697,149	831,910	3,455,358	30,8	0,240	Auf den Kopf der Be-völkerung kommen rund 0,9 Hekt. der Gesammtfläche.
Summa II.	12,256,278	3,904,576	13,135,566	31,7	0,274	

(Fortsetzung auf nächster Seite.)

5*

Gebiet.	Gesammt-fläche.	Wald-fläche	Einwoh-nerzahl 1867.	Prozentualer Flächen-antheil d. Waldes.	Waldfläche pro Kopf der Bevölkerung.	Bemerkungen.
	Hektaren.	Hektaren.				
III. Nordostdeutsches Binnenflachland.						
Preuß. Provinz Posen	2,892,991	625,263	1,537,338	21,6	0,407	
Reg.-Bez. Frank-furt	1,919,127	683,843	1,020,157	35,6	0,670	Auf den Kopf der Be-völkerung kommen rund 1,9 Hekt. der Gesammtfläche
Summa III.	4,812,118	1,309,106	2,557,495	27,0	0,512	
IV. Norddeutsches Berg- und Binnenflachland.						
Reg.-Bez. Pots-dam	2,069,269	603,343	1,695,865	29,1	0,356	
Provinz Sachsen excl. Erfurt ...	2,170,246	420,502	1,696,994	20,0	0,247	
Anhalt	265,820	55,851	197,041	21,0	0,283	
Braunschweig ..	369,010	114,520	303,401	31,0	0,377	
Landdrosteien Han-nover, Hildes-heim, Osna-brück und Claus-thal (von Han-nover)	6,731,342	320,604	1,056,941	18,5	0,353	
Westfalen incl. Lip-pe u. Waldeck..	2,288,423	649,295	1,707,726	28,4	0,380	Pro Kopf der Bevöl-kerung 1,3 Hekt. Gesammtfläche.
Summa IV.	8,894,110	2,164,115	6,657,968	24,3	0,325	
V. Norddeutsches seenahes Flachland.						
Pr. Prov. Preußen	6,243,528	1,252,010	3,90,0960	20,0	0,405	
„ Pommern	3,011,072	595,903	1,445,635	19,8	0,412	
Mecklenb.-Schwe-rin u. Strelitz .	1,616,560	221,516	659,388	13,7	0,320	
Lübeck	27,804	3,028	48,538	10,9	0,062	
Schlesw.-Holstein	1,719,464	68,588	981,718	4,0	0,070	
Lauenburg	117,219	21,151	49,978	18,0	0,423	
Hamburg	40,303	697	306.507	1,7	0,002	
Hannover (Lüne-burg, Stade, Aurich)	2,115,686	181,750	880,696	8,6	0,206	
Oldenburg excl. Birkenfeld	591,585	25,474	265,622	4,3	0,096	
Bremen	25,745	167	109,572	0,6	0,002	Auf den Kopf der Be-völkerung kommen rund 2 Hekt. Ge-sammtfläche
Summa V.	15,508,966	2,370,284	7,838,614	15,3	0,302	

Es ist nicht wahrscheinlich, daß in jenen Gegenden die Bewaldungsziffer jemals gleich gewesen ist der der Bergländer. Was uns gemeldet wird von den in einer vorhistorischen Zeit in dem seenahen Flachlande vorhandenen Hainen, mag mehr der Verwunderung über ein so seltenes Vorkommniß, wie es der Wald wohl immer an den Küsten der Nordsee war, seine Entstehung verdanken, als der sicheren Kunde von dort vorhandenen wirklich bedeutenden Waldstrichen.

Auch die Westküste von Schleswig-Holstein ist wohl nie bewaldet gewesen. Es fehlt dort der absolute Waldboden fast ganz.

Anders iu Mecklenburg, in Pommern und Preußen. Hier leiten alle Quellen auf ein Vorherrschen der Holzpflanzen, hier nahm erst die steigende Kultur von den bruchichen mit Weichholz bedeckten Niederungen, von den sandigen mit endlosem Walde bedeckten Platten Besitz, um sie zu entwässern und zu lichten, die physische Natur des Landes durch Entsumpfung und Durchbrechung des Urwaldes hebend und verbessernd und einer zahlreicheren Bevölkerung die Stätte bereitend.

Auch im hannöderschen Flachlande des Binnengebietes sind Entwaldungen noch in historischer Zeit und nach großen Dimensionen nachweisbar.

Wohlbewaldet erscheint das mitteldeutsche Berg- und Hügelland, reich an absolutem Waldboden, am dichtesten bevölkert (Flächenquote pro Kopf nicht 1,0 Hekt.). Man sieht, die Entwaldung steht nicht im geraden Verhältnisse zur Bevölkerungszunahme. Für die Bewaldung ist vielmehr in erster Linie die physische Beschaffenheit des Landes bestimmend. Absoluter Waldboden und Bewaldung haben die Tendenz zu coincidiren. Alle Waldarealveränderungen der neueren Zeit dienen diesem Gesetze. Entwaldung auf dem nachhaltig landwirthschaftlich mit höherer Grundrente zu nutzenden Boden, Wiederbewaldung des absoluten Waldbodens, soweit er seiner Naturbestimmung entzogen ist — das dürften die bei weitem wichtigsten das Waldareal verändernden Vorgänge sein. Die beiden Quotienten, durch welche der prozentale Flächenantheil des Waldes und die Waldfläche pro Kopf der Bevölkerung dargestellt werden, haben die Tendenz, kleiner zu werden, ersterer durch Kleinerwerden des Zählers (Waldfläche), letzterer durch Größerwerden des Nenners (steigende Bevölkerung).

In Preußen hat die Staatswaldfläche sich seit 1831 etwa um 5 % verringert, in erster Linie durch Abtretung von Grund und Boden an Servitutberechtigte (also in Beachtung des eben ausgespro-

chenen Princips) nur in ganz untergeordnetem Maaße durch Ver=
äußerung von zur landwirthschaftlichen Benutzung geeigneten kleineren
Waldparzellen. Ausgesprochene Tendenz der Staatsforstverwaltung
ist Vergrößerung des Staatswaldbesitzes auf dem absoluten Waldboden.
In den meisten übrigen deutschen Staaten hat in diesem Jahrhundert
eine irgend erhebliche Verringerung der Waldfläche nicht stattgefunden,
in Baiern, Baden und Sachsen hat sich dieselbe sogar vergrößert. —

Wenn bei Betrachtung des prozentalen Antheils, welchen der Wald
in Deutschland an der Gesammtfläche nimmt, das Gesetz der Abnahme
von Süden nach Norden, in gewissem Sinne auch von Osten nach
Westen leicht abzuleiten war, so giebt die Betrachtung des Verhält=
nisses der Waldfläche zur Bevölkerung etwas andere Gesichtspunkte.

Es kommen auf den Kopf der Bevölkerung

im süddeutschen Gebirgs= und Berglande 1,3 Hekt. Gesammtfläche
0,4 „ Wald,

in dem mitteldeutschen Berg= und Hügellande 0,9 „ Gesammtfläche
0,274 „ Wald,

im nordostdeutschen Binnenflachlande 1.9 „ Gesammtfläche
0,512 „ Wald,

im norddeutschen Berg= und Binnen=
flachlande 1,3 „ Gesammtfläche
und 0,325 „ Wald,

im norddeutschen seenahen Flachlande 2 „ Gesammtfläche
0,392 „ Wald.

Die Bevölkerungsdichtigkeit nimmt also nach Norden und Süden
ab, während sie in Mitteldeutschland am größten ist. Die mittlere
Fläche in Deutschland pro Kopf der Bevölkerung beträgt 1,3 Hekt.
Dieselbe findet sich in Süddeutschland und in dem nordwestdeutschen
Binnenflach= und Berglande; das nordostdeutsche Flachland und der
ganze seenahe Theil von Deutschland sind erheblich dünner bevöl=
kert (2,0).

Die Waldflächenquote des waldreichen Mitteldeutschlands pro Kopf
der Bevölkerung steht daher zurück hinter der des waldärmeren nord=
deutschen Gebietes.

Es liegt hierin ein neues Motiv für das hochkultivirte Mittel=
deutschland, sich die verhältnißmäßig bedeutende Bewaldung, deren sich
das Gebiet heute erfreut, zu erhalten.

XII. Vertheilung und Gruppirung des Waldes im Einzelnen.

Ein genaues Bild der Vertheilung und Gruppirung des Waldes in Deutschland nach dem vorhandenen statistischen Materiale zu geben, ist nicht möglich. Es fehlt an fast allen Vorarbeiten, an genauen Uebersichtskarten. Die Forststatistik muß sich heute noch mit überschläglichen, ungenauen Angaben begnügen. Es ist ebenso wenig möglich, die Waldflächen im Hochgebirge, Berglande, Hügel= und Flachlande anzugeben, als die in den Quellgebieten der Flüsse, in den Flußthälern, auf zur dauernden landwirthschaftlichen Benutzung geeignetem und nicht geeignetem Boden, auf Flugsand u. s. w., u. s. w. Ein weites, fast unbebautes Arbeitsfeld liegt hier vor uns. —

Nur in großen Zügen ist es heute möglich, ein Bild von der Vertheilung des Waldes in Deutschland zu entwerfen, nur andeuten läßt sich das Gesetz, nach welchem er hier und dort in großen geschlossenen Massen sich erhalten, anderswo der wachsenden Bevölkerung, dem sich entwickelnden Gewerbebetriebe gewichen oder gar durch eine in falsche Bahnen gelenkte gesammtwirthschaftliche Entwickelung unterlegen ist. Es muß einer späteren Zeit, den Ergebnissen gewissenhafter Forschung anheimgestellt werden, dies Bild mit festeren Linien zu zeichnen, jenes Gesetz uns klarer zum Bewußtsein zu bringen.

Daß die bairischen Alpen vorzugsweise Wald tragen, bis zur Grenze der Vegetation der Baumgewächse, liegt in ihrer Hochgebirgsnatur. Hier ist der Wald weit weniger durch menschliche Habgier, durch die souveräne Volks=Unvernunft zerstört, als in der Schweiz. Kräftiger (thonig=mergeliger) Boden trägt hier eine majestätische Waldvegetation bis zu 1300 Meter Höhe (Buchen an den Nord=, Fichten nnd Tannen an den Südseiten). Von 1300 bis 1700 Meter, an der Grenze der alpinen Region, bietet der Wald das Bild des mit allen Unbilden des Wetters kämpfenden Alpenforstes, über 1700 Meter bedecken nur noch Legföhren und Bergerlen die Platten und weniger steilen Abstürze, über ihnen ragen nacktes, spärlich mit Flechten beleidetes Gerölle, senkrechte Wände, zerklüftete Felsen.

Bis 1150 Meter steigt die Buche, bis 1650 die Fichte, bis fast 2000 Meter die Lärche. Schon mit 1400 M. verschwindet die Tanne; zwischen 1350 und 1800 M. Höhe findet die Zirbelkiefer ihre Heimath. Bis zu 1300 M. trifft man die gemeine Kiefer.

In der Tiefe, am Gebirgssaum bleiben Stieleiche (bis 930 M.),

Sommerlinde (bis 900 M.), Feldulme (bis 1300 M.), Esche (bis 1300 M.). Bis 1400 M. steigt der Bergahorn empor.

69 % der ganzen Fläche der Alpen ist mit Wald bedeckt. ¼ derselben unterliegt dem Plenterbetriebe, ¾ der Schlagwirthschaft. ⅔ der Bestände werden vom Nadelholze, 2 % vom Laubholze rein gebildet; 30 % sind Laub- und Nadelholz-Mischbestände.

Ganz andere Verhältnisse treten uns in der Landschaft zwischen Alpen und Donau entgegen. Der thonig-sandige Boden der Vorberge, die sich nördlich anschließenden mergeligen Thone der Donauhochebene, ebenso wie die massenhaft vertretenen Diluvialgebilde, welche dieselben bedecken (Diluvial-Nagelfluhe und Löß) sind sämmtlich dem Ackerbau günstig. Nur 24 pCt. des Gebietes sind bewaldet.

Die Fichte ist hier herrschende Holzart, eingesprengt die Tanne, auf verarmtem Boden auch die Kiefer. Buche und Eiche verschwinden mehr. Sie weichen der Kahlschlagwirthschaft, der Weide, dem Streurechen.

Waldreicher (43 %) ist das Gebiet. des bairischen Waldes (Oberpfalz). In großen Massen drängt sich hier die Bewaldung zusammen: auch finden sich Reste von Urwaldungen mit jenru Riesenfichten, die hier und da bis zu 65 M. Länge und ein Alter von 3—400 Jahren erreicht haben.

Zwei Drittheile der Waldfläche nehmen Fichte, eingesprengt Tanne und Buche, ein. Das auch hier üblich gewesene Aschebrennen aus dem Holze der letzteren beiden Holzarten hat diese zu Beihölzern herabgedrückt, die Fichte begünstigt. 30 % sind mit Laub- und Nadelholz in gleicher Vertretung beider bestanden, 4 % rein mit Laubholz.

Eine dem bairischen Walde eigene, dem Hackwalde sehr nahe verwandte Verbindung von Wald- und Feldbau findet sich in den sogenannten Birkenbergen[1]).

Auch im fränkischen Jura, dessen Bewaldungsziffer ziemlich hoch steht (30 %), herrscht das Nadelholz, in erster Linie die Fichte, ihr zunächst die Kiefer, dann die Tanne. 76 % der fast ausschließlich (zu 97 % der ganzen Waldmasse) vertretenen Hochwaldungen bestehen aus Nadelholz, nur 5 % aus reinem Laubholz. Doch fin-

---

[1]) Die niederwaldartig mit Birken bestandenen Flächen werden abgetrieben, die Krume umgebrochen, gebrannt, 2—3 Jahre mit Winter- und Sommerkorn, Kartoffeln oder Hafer bestellt und dann wieder der Holzerzeugung überlassen, jedoch fortwährend beweidet.

ben sich Eiche und Buche noch reichlich eingesprengt und von gutem Wuchse. Sie sind offenbar früher in diesem Gebiete herrschend gewesen.

Die Bewaldung von Würtemberg (schwäbisches Bergland, rauhe Alp, Schwarzwald) läßt sich in 6 Bewaldungsgruppen gliedern, von denen 3 dem Nadelholze, 3 dem Laubholze angehören.

Im Schwarzwalde stockt Nadelholz (dominirend Tanne) auf dem Buntsandstein sowohl, als auf Muschelkalk, Keuper und weißer Jura. Im südlichen und östlichen Theile sind jedoch Tanne und Fichte fast gleich vertreten, während erstere im nördlichen Theile weit vorherrscht.

Auf der oberschwäbischen Hochebene herrscht die Fichte; untergeordnet sind Kiefer und Tanne; ebenso auf den Keuper= und Lias= höhen des Ellwanger, Limpurger und Waldheimer Waldes, theilweis im Schurwald (bei Eßlingen).

Eingesprengt sind in diesen drei Nadelholzgebieten überall Buche, Birke, Erle und Eiche.

Die Laubhölzer nehmen in Oberschwaben (rauhe Alp) den wei= ßen Jura ein, greifen aber nordwestlich auch auf den braunen und schwarzen Jura über und finden sich ebenso auf den Tertiärschichten Oberschwabens. Die Buche ist herrschend, Esche, Ahorn, Ulme sind eingesprengt; die Eiche ist relativ selten.

Ein zweites Laubholzgebiet umfaßt den Schönbuch und die Filderebene (südlich von Stuttgart), die Keuperberge um Stuttgart, den Schurwald, das Neckar=, Kocher= und Jagst=Thal; ein drittes das Flußgebiet der Tauber.

Buche und Eiche treten hier bestandsbildend auf[1]).

In den würtembergischen Staatswaldungen sind 31 % Laubholz, hochwald, 36 % Tannen und Fichten, 5 % Kiefern, 24 % ge= mischte Laub= und Nadelwaldungen, 4 % Mittelwald; die übrigen

---

[1]) Interessante Untersuchungen des würtembergischen Oberförsters Tscher- ning (Beiträge zur Forstgeschichte Würtembergs, Stuttg. 1854) haben darge- than, daß das Verhältniß der bestandsbildenden Holzarten in Würtemberg seit historischer Zeit keine erheblichen Veränderungen erlitten hat. Nur konstatirt er, daß die Nadelhölzer mehr nnd mehr in die Laubholzbezirke vorrücken während der umgekehrte Vorgang im Mittelalter nachweisbar ist. Es stimmt dies mit den Resultaten der Untersuchung tn anderen Waldgebieten überein, z. B. im Erz= gebirge (s. unten). Im Schwarzwalde ist das Nadelholz wohl niemals in er- heblichem Maaße mit Laubholz gemischt oder letzteres gar jemals herrschend ge- wesen (s. unten).

Waldungen des Landes enthalten: 12 % Laubholzhochwald, 33 % Tanne und Fichte, 6 % Kiefern, 23 % gemischte Laub= und Nadelholzhochwaldungen, 23 % Mittelwald, 3 % Niederwald.

Der badische Schwarzwald[1]) gewährt der Eiche an seiner Westseite im Anschluß an den Weinbau, theils rein, theils mit Tanne und Buche, bis zu 600 M. Höhe gedeihlichen Standort; ihr folgt meist die Tanne, seltener die Buche; erstere herrscht bis 980 M. Höhe, mit Buche und Fichte vermischt. Etwas höher, im südlichen Schwarzwald bis zu 1250 Meter, steigt die Buche. Ihr folgt die Fichte bis zu 1400 M (am Feldberg bis zu 1450 M.). Auf den hochgelegenen sumpfigen und torfigen Sandsteinkuppen und Rücken des nördlichen Schwarzwaldes findet die Legföhre ihren Standort. Die schlechtbestockten Reutberge (eine Art Hackwald) nehmen bedeutende Flächen ein.

Buche und Eiche sind die Hauptholzarten des Odenwaldes, wenngleich sie auch hier auf dem durch Streurechen, Weide und landwirthschaftliche Zwischennutzungen erschöpften Buntsandsteinboden oft dem Nadelholze weichen mußten. Ausgedehnte Hackwaldungen sind dort daneben heimisch (Eberbach, Neckargegend).

In dem Hügellande zwischen Pforzheim und dem Neckar (zwischen Schwarzwald und Odenwald) herrscht auf dem fruchtbaren Muschelkalk=Keuper= und Lößboden die Buche, meist in mittelwaldartigen Beständen, neben ihr die Eiche; das Hügelland zwischen Neckar und Main, dem Muschelkalke angehörig, hat ähnliche Verhältnisse.

Das Rheinthal hat eine stark parzellirte, aber im Ganzen ziemlich beträchtliche Bewaldung, wenngleich hier die frühere starke Waldbestockung längst in Erfüllung eines wirthschaftlichen Grundgesetzes der höher lohnenden Landwirthschaft gewichen ist. Größere Waldmassen kommen noch bei Freiburg, Rastatt, Karlsruhe, Bruchsal und Schwetzingen vor. Hier finden Eiche, Buche, Esche und Ulme in em Lößboden gedeihlichen Standort. Auf dem ärmeren Sandboden

---

1) der Schwarzwald war wohl immer mit Nadelholz bedeckt; es geht dies u. A. aus Aufzeichnungen des Historiographen des Klosters St. Gallen (s. bei Pertz, Monumenta Germaniae historica, tom. II. pag. 105—110), des Mönches Eckehard hervor, der erzählt, daß die Ungarn bei ihrer Invasion a. 926, als sie vom Bodensee kommend im Elsaß vordrangen, das Holz zu ihren Flößen im Schwarzwalde fällten. Die Annalen des Klosters Reichenbach im Murgthal (12. Jahrh) erwähnen eines Verkehrs mit Schnittnutzholz und erzählen, daß bei Gründung dieses Klosters 1082 die ersten Conventualen unter Hütten von Tannenreisig gewohnt haben.

(Diluvialsand) bei Rastatt, Karlsruhe und Schwetzingen herrscht die Kiefer. In ihren sich lichtenden älteren Beständen mischen sich von Natur Buche, Hainbuche, auch Eiche ein, rasch emporwachsend und die Lücken des Bestandsschirmes füllend. Für die größeren Komplexe ist Hochwaldwirthschaft, für die kleineren Mittel- und Niederwaldwirthschaft das herrschende Betriebssystem. Weidenheeger in großer Ausdehnung finden sich an den Stromufern. —

Wir haben uns nunmehr nach der festgehaltenen Gliederung des deutschen Gebietes zu dem dasselbe im Südosten abschließenden Systeme der Sudeten und dem daran angeschlossenen schlesischen Flach- und Hügellande zu wenden.

Schlesien ist auf allen Terrassen seiner Bodenausformung gut bewaldet. Noch bedeckt dort der Wald hier und da den fruchtbaren und Schlickboden der Oder im Jumedationsgebiete (Eiche, Hainbuche, Esche, Linde) in hier und da bedeutenden Massen (Peisterwitz, Cosel). Kiefer und Fichte bilden die Massenreviere des höher gelegenen sandigen, sandig-thonigen und mergeligen Diluvialbodens, letztere in ihrem ganzen Verhalten die besondere klimatische Zone, welcher das Land angehört, andeutend (oberschlesische Massenforsten, Scheidelwitz, Waldungen von Görlitz u. a. m.). Die Lärche, der Bergahorn, die Esche und Eiche kommen eingesprengt vor. Den Gebirgsboden bedecken Fichte und Tanne, auch Lärche; nur durch ihre Wuchsabstufungen bekunden diese Holzarten die größere Kraft der Urgebirgsböden, des besseren Quadersandsteinbodens, die geringere Fruchtbarkeit und Frische der Porphyrböden, der ärmeren Verwitterungsprodukte des Quadersandsteines.

Die Buche ist selten. Der Mittel- und Niederwald fehlt fast ganz. Nur an den Flußufern treten Weidenheeger auf.

Die Nadelhölzer, vornehmlich die Fichte, herrschen ebenso im Erzgebirge. Die Tanne ist hier seltener. Weiter vorschreitend im Königreich Sachsen, finden wir im Nordwesten dieses Landes (durch die Elbe begrenzt) eine Laubholzregion, in welcher Eiche, Birke, Buche, Hainbuche, Aspe, Erle bestandsbildend auftreten; östlich der Elbe, den ganzen nordöstlichen Theil des Königreichs umfassend, liegt die Region

---

1) Die Lärche zeigt in den Gebirgs- und Niederungs-Revieren Schlesiens ein günstiges Verhalten. Sie dürfte wohl in dieser Provinz seit Alters heimisch gewesen sein, wie dies u. A. daraus hervorgeht, daß die evangelische Kirche zu Brieg, 300 Jahre alt, aus Lärchenholz erbaut ist. In der Nähe von Brieg sollen noch viel ältere Kirchen im 11. und 12. Jahrhundert aus Lärchenholz erbaut worden sein.

der Kiefer. Weitaus die größte Waldfläche des ganzen Landes wird durch die Fichte bedeckt.

Der Centralknoten des Fichtelgebirges, zu ⅓ bewaldet, ist vorherrschend mit Fichtenwaldungen bedeckt, denen die Tanne beigemengt ist. Laubholz ist selten. Sumpfkiefer und Bergföhre treten hier, wie im schlesischen Gebirge (Seefelder) auf Hochmooren auf.

Dieselbe Holzart tritt uns herrschend im Thüringerwalde entgegen, während sie im fränkischen Walde vor der dominirenden Tanne und der reichlich eingesprengten Buche in den mittleren Lagen zurücktritt, in dem oberpfälzischen Hügellande vor der dort herrschenden, wenngleich durch langdauernde Mißhandlung oft verkrüppelten Kiefer. Nur die höheren Lagen des fränkischen Waldes beherrscht die Fichte.

Auch im oberpfälzischen Hügellande ist es das Streurechen, welches dem reizbaren, leicht sich erschließenden und erschöpfenden Boden (Quarzsand, Granit) seine beste Kraft entzogen hat.

Andere Bestandsbilder zeigen Rhön und Spessart. Buche und Eiche dominiren und sind nur da den Nadelhölzern gewichen, wo unvernünftige Wirthschaft ihnen die Existenzbedingungen raubte. 40 % der Fläche des Rhöngebirges sind etwa bewaldet; trotzdem ist man schon jetzt zu der Einsicht gelangt, daß die unvorsichtige Entwaldung des jetzt der Weidenutzung dienenden Plateaus der hohen Rhön eine vielerorts bemerkbare Verschlechterung des Klimas von Franken herbeigeführt hat; die Wiederbewaldung desselben ist als eine wichtige Aufgabe unserer Waldwirthschaft zu betrachten.

Zu den waldreichsten Gebieten Deutschlands gehört der Spessart (70 % der Gesammtfläche). Die Forsten sind fast zur Hälfte Staatseigenthum.

Buche und Eiche dominiren und bilden da, wo der Boden seine ungeschwächte Kraft bewahrt hat, jene massenreichen, imposanten Mischbestände, welche in Deutschland wohl nirgends an Pracht und Kraft der Vegetation übertroffen werden. Die vorhandenen Nadelholzbestände verdanken ihre Entstehung der Hand des Menschen und haben da an die Stelle der Laubhölzer treten müssen, wo menschliche Raubwirthschaft (Aschebrennen und Streurechen in Verbindung mit unvernünftiger Kahlhiebswirthschaft) die Bodenkraft zerstört hatte.

Haben wir jetzt vorherrschend eine Waldvegetation von Nadelhölzern zu registriren gehabt, unter denen Fichte und Tanne den ersten Rang behaupteten, so betreten wir nun im hessischen Berglande die über das ganze Gebiet des westlichen Mitteldeutschlands sich erstreckende

Laubholz= und speziell Buchen=Region. Der Buche tritt in be=
deutungsvollster Weise die Eiche zur Seite, indem sie nicht allein in
den Hochwald=Beständen, in den bodenschirmenden und die Boden=
kraft pflegenden Buchenorten vortrefflichen Standort findet, sondern
auch auf ausgedehnten Flächen im Mittelwalde das Oberholz bildet,
im Niederwalde (Eichenschälwalde) als Hauptholzart auftritt und sehr
bedeutende Grundrenten gewährt.

Massenwälder bedecken hier, wie in dem derselben Region angehö=
renden linksrheinischen Gebiete, die Gebirgsplatten, die Kämme
und Kuppen; bis zu dem Wasgaugebirge südwärts, bis zu den Vor=
bergen des Harzes nördlich sind es vorherrschend Buche und Eiche,
welche als bestandsbildende Holzarten auftreten.

Beide Holzarten finden gedeihlichen Standort sowohl auf dem
Buntsandstein der Wasgauberge (deren südlicher Theil, besonders da,
wo Urgebirgsböden anstehen, von der Tanne eingenommen wird), auf
dem Kohlensandstein und Schieferthon des Saarbrücker Steinkohlen=
gebietes, dem Rothliegenden des Westrichs (Buche überwiegend), dem
Thonschiefer=Grauwackenboden des Hunsrückens (Buche weit vorherr=
schend) und nassau=hessischen Berglandes, Westerwaldes und Eder=
gebirges (hier in den Thälern und unteren Berghängen die Eiche do=
minirend), auf dem Basaltboden, welcher hier und dort in diesem großen
Gebiete das Produkt massiger Durchbrüche ist.

Unbedingt herrschend ist die Eiche auf den Keuper= und Lias=
böden Deutsch=Lothringens als Oberholz im Mittelwalde, in den Thä=
lern der unteren Saar, der Mosel, des Rheines, der Lahn 2c., an den
steilen heißen Südhängen, welche den Standort des besten Eichen=
schälwaldes bilden; nicht minder in dem nordwestfälischen Flachland. —

Neben den massig zusammenliegenden Forsten ist das westdeutsche
Gebiet reich an parzellirtem Walde der Gemeinden und Interessenten=
schaften. Hier ist aus dem alten Markenverhältnisse jene Allgemein=
heit des Waldbesitzes entstanden, welche in prägnanter Weise auch in
Deutsch=Lothringen hervortritt [1]).

Auch beim Kleinwaldbesitze behaupteten Buche und Eiche bis vor
wenigen Jahrzehnten die erste Stelle. In neuerer Zeit ist dies viel=
fach anders geworden. Die Vorräthe von Alteichen sind aufgezehrt
oder stark vermindert, die Buche weicht der Schlagwirthschaft, der zu=
nehmenden Entkräftung des Bodens durch Streurechen ebenso, wie

---

[1]) Fast alle Gemeinden besitzen dort Wald. Vergleiche meine Schrift: „Die
forstlichen Verhältnisse von Deutsch=Lothringen. 1871.“ S. 22—23.

dem Vordringen der Steinkohle und den sinkenden Brennholzpreisen. Der Eichenschälwald gewinnt an Ausdehnung, der Fichtenanbau nicht minder. Wir wissen mit ziemlicher Sicherheit, daß im ganzen Mittel-Rheingebiete die Nadelhölzer bis um 1750 [2]) wohl nirgends herrschend waren. Wo so große Veränderungen eintreten, müssen große Ursachen als wirkend angenommen werden. Der Rückgang der Bodenkraft ist vielerorts denn auch zu deutlich in den Waldvegetations-Verhältnissen ausgedrückt. Zum Glück des Landes ist es nur selten zu so eklatanten Entwaldungen mit überaus traurigen Folgen für die Landeskultur gekommen, wie in der Eifel und auf den nördlich den Westerwald abschließenden Höhen. Noch hat meist die Fichte, in einzelnen Fällen (in ausgedehntem Maaße an den Süd- und Südwestgehängen des Hardtgebirges) die Kiefer den verarmten laubholzmüden Boden gedeckt; aber oft genug ist man durch ungemessene Zerstückelung des Waldbesitzes (im bergischen Lande, im Regierungsbezirk Köln u. a. a. O.), durch Streurechen und vorzeitige Lichtungen (Hardtgebirge, Westerwald) bis an die Grenze gegangen, jenseits welcher die Vernichtung des Waldes und der Produktionskraft des Bodens liegt. Fort und fort bereitet die niedrige Rente des Buchenwaldes jenen Gebieten ernste wirthschaftliche Schwierigkeiten. Reich an absolutem Waldboden, auf den der Wald schon vielfach zurückgedrängt ist, steht das westdeutsche Gebiet in einer Uebergangsperiode, in welcher fortschreitender Nadelholzanbau und Uebergang zum Eichenschälwalde wahrscheinlich die einzig mögliche Lösung bringen werden. Neben der Fichte wird die Eiche dort in neuerer Zeit mit allem Rechte begünstigt.

Dem so wechselvollen und reichgegliederten Bilde der westdeutschen Bewaldung stehen die Waldbilder des norddeutschen Flachlandes in ihrer Einförmigkeit, ihrer massigen jedoch wenig charakteristischen Ausprägung gegenüber. Das ganze weite Gebiet beherrscht die Kiefer. Nur im fernen Nordosten, wo die isothermen Flächen, denen die mitteldeutschen Bergländer von 500 M. Höhe ab angehören, die Meeresebene schneiden, tritt die Fichte im Flachlande bestandsbildend auf. Von dem alten Eichenreichthum der Marken sind nur geringe Reste erhalten. Die Eiche verschwand mit dem Plenterbetriebe; sie den

---

[1]) Auch in den Gebirgen gab es bis dahin kein Nadelholz, wie alle alten Urkunden nachweisen. Im Edergebirge z. B., wo heute ein großer Theil der Staatswaldungen in Fichten umgewandelt wird, sind die ältesten Fichtenbestände um 1780 begründet, damals aus Rücksichten auf die Jagd, um Wilddickungen herzustellen. In den Südvogesen ist die Tanne jedoch wohl immer heimisch gewesen, wie im Schwarzwalde.

Beständen wiederum einzufügen, ist die heutige Waldwirthschaft eifrig
bestrebt. Buchenwälder bedecken hier und dort die Diluvial=Lehm= und
Mergelböden (Mühlenbeck, pommersche Forsten, Forsten in Mecklenburg); sie sind herrschend auf der Ostseite der Elbherzogthümer. Aber
im Großen und Ganzen ist hier auf ungefähr 4,550,000 Hektaren
Waldfläche die Kiefer herrschend und nimmt somit etwa den dritten
Theil der gesammten deutschen Waldfläche ein [1]).

Fast gänzlich fehlt sie im Harze, nicht häufig ist sie in der weiten Mulde zwischen Harz und Thüringerwalde.

Im ersteren Gebirge herrscht die Buche (Eiche untergeordnet) in
der unteren, die Fichte in der oberen Berglage [2]); in der letzteren
neben uraltem Mittelwalde [3]) auf dem Muschelkalke, im Hochwalde
vielfach die Eiche, jedoch auch hier auf den ärmeren Böden die Kiefer.

In der Provinz Hannover ist im Gebirgslande die Fichte vor-
zugsweise heimisch ($\frac{3}{4}$ der Waldfläche); nur $\frac{1}{6}$ ist hier Buchenhochwald, $\frac{1}{16}$ Mittel= und Niederwald, der Rest unkultivirbar. Im Hügellande ist $\frac{1}{10}$ Eichenhochwald, $\frac{1}{2}$ Buchenhochwald, $\frac{1}{9}$ Fichten= und Kie-
fernhochwald, $\frac{1}{4}$ Mittel= und Niederwald. Im Flachlande überwiegt
die Kiefer weitaus (über $\frac{1}{2}$ der Fläche), je $\frac{1}{9}$ ist Eichen= und Buchen=
hochwald, $\frac{1}{12}$ Fichtenhochwald, der Rest Mittel= und Niederwald.

(Vergl. hierüber und zu diesem Abschnitte Tafel X.)

Dürfen wir bei der so mannigfaltigen Gestaltung der Waldvegetation und bei den vielfachen Störungen durch die menschliche Verken-
nung des Gesetzes von einer Verbreitungsregel der Hauptholzarten in
Deutschland überhaupt reden, so würde das dahin zu fassen sein, daß
die Region der Fichte und Tanne den Süden, die der Eiche und
Buche den Westen und Südwesten, die der Kiefer den Norden und

---

[1]) Hierbei ist die Fläche des Kiefernwaldes in Schlesien, Hannover und dem
Königreich Sachsen (nordöstlicher Theil) mit eingerechnet, das Vorkommen der
Kiefer in Süddeutschland, auf den sandigen Dünen der Main= und Rheingegend
(zwischen Frankfurt und Aschaffenburg, bei Darmstadt, bei Hagenau u. s. w.)
aber nicht berücksichtigt.

[2]) Die Fichte ist im Harze seit historischer Zeit heimisch gewesen. Vergleiche
Forstding auf dem Harz zu Goslar de 1421—1490 bei Grimm Weisthümer, II.
S. 260, wo von Schnittnutzhölzern und Sägemühlen die Rede ist, freilich ohne
specielle Angabe der Holzart. Die betreffende Stelle darf aber wohl auf Nadelholz bezogen werden.

[3]) Vergl. Lauprecht in der Forst= u. Jagd=Z. de 1871, Suppl. über den
Mühlhäuser Stadtwald, welcher seit 1570 nachweisbar als Mittelwald bewirthschaftet wurde.

Tafel X. Vertikale Verbreitung der Hauptholzarten.

Obere Höhe über der Nordsee (Meter)	Bairische Alpen und Erzgebirge Thüringer Wald und Rhön							Schwarzwald und Harz Rothaargebirge							Bemerkungen
	Grundgestein	Eiche	Buche	Fichte	Tanne	Kiefer	Lärche	Grundgestein	Eiche	Buche	Fichte	Tanne	Kiefer	Lärche	
1500	Aelteste Tertiärschicht (Flysch), Molasse in den Boralpen, Buntsandstein, Muschelkalk, Keuper, Lias, Jura in den Hochalpen.	·	·	·	·	·	1550	Granit und Gneiß, Buntsandstein.	·	·	·	·	·	·	Die Eiche sinkt bei etwa 60° n. Br. zum Meeresspiegel herab, die Buche bei 58°, die Fichte „ 54°, die Tanne „ 52°, die Kiefer „ 70°. Die Lärche kommt von Natur im nördlichen und westlichen Deutschland gar nicht und auf deutschem Gebiete nur in den Alpen und schlesischen Gebirgen vor. Die Kiefer fehlt im Erzgebirge, Harz und Rothaargebirge. Vergl. Supplemente zur Forst- und Jagdzeitung Bd. VII S. 17 bis 64. In den Alpen nur die Stieleiche.
1450—1500		·	·	·	·	·	·		·	·	·	·	·	·	
1400—1450		·	·	1440	·	·	·		·	·	·	·	·	·	
1350—1400		·	·	·	·	·	·		·	·	·	·	·	·	
1300—1350		·	·	·	1300	·	·		·	·	·	·	·	·	
1250—1300		·	·	·	·	·	·	Silurische Schiefer, Urgebige.	·	·	·	·	·	·	
1150—1250		·	·	·	·	1200	·		·	·	1200 o. Gr.	·	·	·	
1100—1150		·	·	·	·	·	·	Mittel-devonische Schiefer.	·	1140 o. Gr.	·	·	·	·	
1050—1100	Granit, Gneiß, Glimmerschiefer, Thonschiefer.	·	·	·	·	·	·		·	·	·	·	·	·	
1000—1050		·	·	·	·	·	·		·	·	·	1050	·	·	
950—1000		·	1000	·	·	·	·		·	·	·	·	·	·	
900—950	Granit, Porphyre, Grauwacke.	·	·	920	·	·	·		·	·	900 o. Gr.	·	·	·	
800—900		840 o. Gr.	·	820	·	·	840 u. Gr.		·	·	850 u. Gr.	·	·	·	
700—800		·	750	·	780 o. Gr.	·	·		600 o. Gr.	750 o. Gr.	·	·	·	·	
600—700		600 o. Gr.	650	·	750 o. G.	·	·		600 o. Gr.	·	·	·	·	·	
500—600		550 o. Gr.	·	·	·	·	·		550 o. Gr.	510 o. Gr.	·	·	·	·	
400—500		·	·	·	·	450 o. G.	·		·	450 u. Gr.	·	·	·	·	
300—400		·	·	·	·	·	·		·	·	·	·	·	·	
200—300		·	·	·	·	·	·		·	·	·	·	·	·	
Untere Grenze (Meter)	Grundgestein	Eiche	Buche	Fichte	Tanne	Kiefer	Lärche	Grundgestein	Eiche	Buche	Fichte	Tanne	Kiefer	Lärche	Bemerkungen

Nordosten unseres Vaterlandes umfaßt, während das Herz von Deutsch=
land alle diese Holzarten in vertikaler und die drei letztgenannten auch
in horizontaler Aneinanderreihung beherbergt. Nur im äußersten Nord=
osten und Südosten findet die Fichte in horizontaler Begegnung ihre
Stelle neben Eiche, Buche und Kiefer; im ganzen Westen, Süden und
Norden sind Eiche, Buche und Fichte vertikal nach oben steigend an=
einander gereiht.

XIII.   Der Waldbesitz.
(Tafel XI.)

Das Eigenthum am Walde hat sich nach ganz anderen Verhält=
nissen gestaltet, als die Bewaldung. Diese ist einestheils der natür=
lichen Bodenbeschaffenheit, dem Vorhandensein von absolutem Wald=
boden und dem Klima entsprechend geregelt worden, anderentheils der
Entwickelung der gesammtwirthschaftlichen Verhältnisse gefolgt oder auch
dem die Grundsätze wahrer Wirthschaftlichkeit mißkennenden oder miß=
achtenden Unverstande gewichen; jenes wurzelt vorzugsweise in der
Entwickelung der Gemeinwesen, in politischen Vorgängen. Diese muß
ihre Regelung immer nach der physischen Beschaffenheit eines Landes
und nach dem Stande seiner Kultur finden; das Waldeigenthum findet
sie oder hat sie gefunden (denn sie darf in Deutschland als abge=
schlossen betrachtet werden), unabhängig von Boden und Klima, durch
die Ausbildung des Rechtssystemes.

Die heute sich vollziehenden Besitzveränderungen, welche den Wald be=
treffen, sind von untergeordneter Bedeutung. Sie werden es bleiben,
so lange eine gesunde Finanzpolitik die deutschen Regierungen vor
dem Verkauf der Staatswaldungen bewahrt, welcher bisher stets
ein Zeichen des finanziellen Ruins der veräußerungsbedürftigen
Staaten war, so lange der traditionelle Sinn unseres Großgrund=
besitzes für konservative Wirthschaft vor der Abholzung des ererbten
Waldes, vor der Verschleuderung des angestammten Besitzes warnt
und das Gesetz die derzeitigen Nutznießer des Gemeindewaldes ver=
hindert, das Eigenthum der kommenden Generationen zu verzehren.

Die Vertheilung des Waldbesitzes unter Staat, Gemeinden und
Private ist in Deutschland im Großen und Ganzen eine längst abge=
schlossene Thatsache, welche historisch=genetisch herzuleiten nicht Aufgabe
dieser Schrift sein kann. —

Sehr ungleich nehmen die drei genannten Kategorien von Besi=
tzern in den verschiedenen Theilen von Deutschland am Waldbesitz Theil.

Tafel XI. **Waldbesitz nach den Besitzkategorieen.**

Staat	Gesammt-Waldfläche Hett.	Staatswald (Kronfidei-kommißwald) Hett.	Gemeinde-wald Hett.	Stift-ungs-wald Hett.	Privat-wald Hett.	Waldfläche nach Prozenten Staatswald (Kronfidei.=Wald)	Gemeindewald	Stiftungswald	Privatwald	Bemerkungen
Preußen	8,137,353	2,409,708 (76,890)	1,246,965	69,825	4,333,969	30 (1)	15	1	53	Eine Differenz v. 4 Hett. durch Abrundung.
Baiern	2,596,831	938,200	347,783	46,979	1,263,869	36	13	2	49	incl. der Saal=forsten auf öster=reichischem Ge=biete.
Würtemberg	595,102	194,500	187,891	16,778	195,932	33	31	3	33	
Baden	510,924	91,319	245,921	12,027	161,657	18	48	2	32	
Sachsen	472,419	160,655	20,882	10,833	280,049	34	5	2	59	
Mecklenburg-Schwerin	163,567	115,321	.	.	48,246	71	.	.	29	
Hessen	240,083	67,396	89,134	.	83,553	28	37	.	35	
Oldenburg	44,793	18,983	6,135	86	19,590	42	14	.	44	1 Hett. Differenz durch Abrun=dung.
Braunschweig	114,520	80,704	24,697	415	8,704	70	22	.	8	
Sachsen-Weimar	90,937	43,557	12,549	1,007	33,825	48	14	1	37	1 H. Differ. durch Abrundnng
Mecklenburg-Strelitz	57,949	42,389	5,452	277	9,830	73	9	1	17	1 desgl.
Anhalt	55,851	42,969	593	608	11,680	77	1	1	21	
Sachsen-Meiningen	93,426	40,341	32,513	.	20,572	43	34	.	23	
Sachsen-Coburg=Gotha	59,330	37,115	.	.	22,215	63	.	.	37	
Sachsen-Altenburg	39,815	17,046	1,268	1,130	20,371	43	3	3	51	
Lippe=Detmold	33,936	18,191	4,352	89	11,305	54	13	.	33	1 H. Differ. durch Abrundung.
Waldeck	44,407	28,614	11,966	324	3,504	64	27	1	8	1 desgl.
Schwarzburg-Rudolstadt	38,597	19,141	.	.	19,456	50	.	.	50	
Schwarzburg-Sandershauf.	25,223	16,774	4,380	251	3,818	67	17	1	15	1 H. Differ. durch Abrundung.
Reuß ä. L.	11,462	4,272	62	214	6,914	37	1	2	60	Quellen: Leo, Forststatistik. Bernhardt, forst=liche Verhält=nisse v. Deutsch=Lothringen. Danckelmann, Zeitschrift, III. S. 428, nach Brückner, Lan=des= u. Volts=tunde des Für=stenthums Reuß j. L. 1870.
Reuß j. L.	34,117	16,280	741	511	16,584	48	2	2	48	
Lippe=Schaum-burg	8,682	8,036	.	.	646	93	.	.	7	
Hamburg	697	482	.	.	215	61	.	.	39	
Lübeck	3,028	3,028	.	.	.	100	.	.	.	
Bremen	167	.	.	.	167	.	.	.	100	
Elsaß-Lothrin-gen	451,313	150,946	198,454	1,913	100,000	34	44	.	22	
Reich	13,924,529	4,642,857	2,441,738	163,267	6,676,671	33	18	1	48	

Tafel XII. **Waldbesitz nach historischer Gruppirung.**

Gebiet	Gesammt-Waldfläche	Staats-wald	Gemeinde-wald	Stiftungs-wald	Privat-wald	Waldfläche nach Prozenten			
						Staatswald	Gemeindewald	Stiftungswald	Privatwald
	Hekt.	Hekt.	Hekt.	Hekt.	Hekt.				
I. Allemannisch-fränkisches Gebiet (incl. Gebiet der Bajuvarier).									
Elsaß	309,229	98,037	150,551	949	59,692				
Baden	510,924	91,319	245,921	12,027	161,657				
Würtemberg	595,102	194,500	187,891	16,778	195,932				
Baiern excl. Rhein-pfalz	2,366,942	821,427	262,538	45,294	1,237,683				
Summa I.	3,782,197	1,205,283	846,901	75,048	1,654,964	31	23	2	44
II. Sächsisch-thüringisches Gebiet.									
Königreich Sachsen	472,419	160,655	20,882	10,833	280,049				
Thüring. Staaten	392,907	194,526	51,513	3,113	143,755				
Reg.-Bezirk Erfurt	83,790	35,102	20,032	759	27,897				
Summa II.	949,116	390,283	92,427	14,705	451,701	41	10	2	47
III. Sächsisches Gebiet von Ost- und Westfalen.									
Westfalen	562,269	44,406	53,048	8,493	456,322				
Hannover	502,354	250,811	62,694	.	188,849				
Beide Lippe	42,618	26,227	4,352	89	11,951				
Braunschweig	114,520	80,704	24,697	415	8,704				
Waldeck	44,407	28,614	11,966	324	3,504				
Oldenburg	44,793	18,983	6,135	86	19,590				
Reg.-Bezirk Kassel	432,457	248 521	88,850	10,179	84,907				
Summa III.	1,743,418	698,266	251,742	19,586	773,82	40	14	1	44
IV. Fränkisches Rheingebiet.									
Deutsch-Lothringen	142,083	52,908	47,903	964	40,308				
Rheinprovinz	831,930	144,273	317,061	8,292	362,305				
Rheinpfalz	229,889	116,773	85,245	1,685	26,186				
Reg.-B. Wiesbaden	223,293	53,256	164,040	1,048	4,950				
Hessen	240,083	67,396	89,134		83,553				
Summa IV.	1,667,278	434,606	703,383	11,989	517,302	26	42	1	31
V. Slavisches Gebiet. Eroberte Nordostmarken.									
Provinz Preußen	1,252,011	622,512 12,870	99,080	3,850	513,699				
Posen	625,263	144,475	18,384	1,234	461,171				
Brandenburg	1,287,186	376,302 34,929	199,163	13,938	662,854				
Schlesien	504,292	169,208 2,451	41,556	7,361	283,716				
Pommern	595,904	177,862 3,182	55,203	5,399	354,257				
Mecklenb.-Schwerin	163,567	115,321			48,246				
Mecklenburg-Strelitz	57,949	42,389	5,452	277	9,830				
Provinz Sachsen excl. Erfurt	420,502	134,106 2,451	21,524	6,602	255,819				
Anhalt	55,851	42,969	593	608	11,680				
Summa V.	4,962,525	1,825,144 55,883	440,955	39,269	2,601,272	38	9	1	52

Weit überwiegend ist im Nordosten der Staats- und Privat-Wald-
besitz (38 % und 52 %) über den Waldbesitz der Gemeinden (9 %);
fast umgekehrt verhält es sich im Rheingebiet, wo 42 % aller Waldungen den Gemeinden gehören, und im südlichen Deutschland (23 % Gemeindewald, in Baden sogar 48 %, im Elsaß 44 %); gering ist der
Gemeindewaldbesitz im Nordwesten (14 %) gegen den Waldbesitz des
Staates (40 %) und der Privaten (44 %), noch geringer im Centrum
von Deutschland, in der sächsisch-thüringischen Staatengruppe.

Im Ganzen überwiegt in Deutschland der Privatwaldbesitz, eine
ernste Mahnung an die Staaten, über den Schutz des Gemeinwohls
zu wachen in allen Fällen, wo ein Waldkomplex in die Kategorie der
Schutzwaldungen gehört; an die Privatwaldbesitzer, dessen eingedenk
zu sein, daß ihnen in dem Walde ein Fideikommiß anvertraut ist, an
welchem in vielen Fällen die Allgemeinheit Rechte besitzt, welche sich
in der Formel vom reinen Eigenthume nicht ausdrücken lassen.

Dritter Theil.
Specielle Forststatistik der deutschen Staaten.

A. Preußen.
XIV. Waldflächen und Waldbesitz in Preußen.
(Tafel XIII)

Preußen ist angemessen bewaldet mit 23,4 % seiner Gesammtfläche. Bis jetzt sind erhebliche klimatische Nachtheile durch Entwaldung nur in wenigen Theilen des Landes fühlbar geworden (Eifel, Westerwald, seenahe Nordost-Flachländer) und es ist das unausgesetzte Bestreben der Landesregierung gewesen, entstandenen oder drohenden Nachtheilen durch Wiederbewaldung entgegenzutreten. Diesen Bestrebungen gegenüber ist es allerdings mit Bedauern zu konstatiren, daß es zur Vereinbarung eines allgemeinen Waldschutzgesetzes noch nicht gekommen ist.

30 % aller Waldungen des Landes gehören dem Staate. Am stärksten vertreten ist der Staatswaldbesitz in den Bezirken Gumbinnen (68 %) und Lauenburg (68 %); zwischen 50 und 60 % Staatswald findet sich in den Bezirken Danzig und Kassel; zwischen 40 und 50 % in Königsberg, Marienwerder, Stettin, Stralsund, Erfurt, Hannover; zwischen 30 und 40 % in Potsdam, Bromberg, Merseburg, Schleswig; zwischen 20 und 30 % in Liegnitz, Frankfurt a. O., Magdeburg, Minden, Trier, Aachen, Wiesbaden; zwischen 10 und 20 % in Cöslin, Posen, Breslau, Oppeln, Düsseldorf, Coblenz (10), Köln (10); zwischen 5 und 10 %: Arnsberg; unter 5 %: Münster (2 %). Gar kein Staatswald ist in Hohenzollern vorhanden. Der Staatswaldbesitz nimmt von Osten nach Westen ab.

Den Gemeinden und Instituten gehören 16 % der Gesammtwaldmasse.

Diese Kategorie des Waldbesitzes ist im Westen bei Weitem am stärksten vertreten und es folgen sich die Bezirke folgendermaßen:

Tafel XIII. **Gesammtfläche, Einwohnerzahl, Waldfläche. Waldbesitz.**
Nach Regierungsbezirken und Provinzen.

Quellen: 1) O. v. Hagen, Die forstlichen Verhältnisse Preußens. — 2) Burckhardt, Die forstlichen Verhältnisse des Königreichs Hannover. — 3) Zeitschrift des statistischen Bureaus de 1868. — 4) Preußische Statistik, herausgegeben vom Königl statist. Bureau. XVI. 1. Th. (Bevölkerungsstatistik.) 5) Schneider, Forst- und Jagd-Kalender de 1871. — 6) Leo, Forststatistik. 1871.
Nicht ganz zuverlässig sind:
1) Waldflächen von Hannover, Schleswig, Lauenburg, Hessen-Nassau. 2) Alle Waldflächen nach Besitzkategorieen.

Regierungsbezirk und Provinz	Gesammt-Fläche	Einwohnerzahl am 3. Dezember 1867		Wald-fläche	Wald-fläche.		Waldfläche nach den Besitzkategorieen					Waldfläche nach Prozenten				
		im Ganzen	pro □ Myrie		pro 100 Hectare Gesammtfläche	pro Kopf der Bevölkerung	Staats-wald	Kronfidei-kommißwald	Gemeinde-wald	Stiftungs-wald	Privat-wald	Staatswald	Kronfibeit.=W.	Gemeindewald	Stiftungswald	Privatwald
							Hectaren					Prozent d. Waldfläche				
1	2	3	4	5	6	7	8	9	10	11	12	13	14	15	16	17
Königsberg	2,111,032	1,063,340	5,037	421,538	19,9	0,4	177,569	.	60,1'6	2,848	181,005	42	.	14	1	43
Gumbinnen	1,586,437	744,778	4,695	272,144	17,2	0,4	185,615	.	13,811	.	72,718	68	.	5	.	27
Danzig	794,754	515,222	6,482	152,920	19,3	0,3	88,150	.	8,914	1,002	54,854	57	.	6	1	6
Marienwerder	1,751,305	767,620	4,383	405,409	23,2	0,5	171,178	12,870	16,239	.	205,122	43	1	4	.	52
Preußen excl. 401,814 Hect. Haffe	6,243,528	3,090,960	4,954	1,252,011	20	0,40	622,512	12,870	99,080	3,850	513,699	.	.	.	.	.
Potsdam	2,069,269	1,695,865	8,195	603,343	29,1	0,4	202,147	34,929	124,732	2,539	238,996	33	4	21	1	41
Frankfurt a. O.	1,919,127	1,020,157	5,316	683,843	35,6	0,7	174,155	.	74,431	11,399	423,858	25	.	11	2	62
Brandenburg	3,988,396	2,716,022	6,807	1,287,186	32	0,47	376,302	34,929	199,163	13,938	662,854	.	.	.	.	.
Stettin	1,204,064	675,596	5,611	227,435	18,9	0,3	105,087	.	26,148	1,726	94,473	46	.	11	1	42
Cöslin	1,403,838	554,464	3,950	311,419	22,2	0,6	47,327	3,182	24,822	55	236,033	15	1	8	.	76
Stralsund	403,171	215,575	5,347	57,050	14,1	0,3	25,448	.	4,233	3,618	23,751	45	.	7	6	42
Pommern	3,011,073	1,445.635	4,802	595,904	20	0,41	177,862	3,182	55,203	5,399	354,257	.	.	.	.	.
Posen	1,749,204	986,443	5,639	371,291	21,3	0,4	50,888	.	6,807	1,234	312,363	14	.	2	.	84
Bromberg	1,143,787	550,895	4,816	253,972	22,2	0,5	93,587	.	11,577	.	148,808	37	.	4	.	59
Posen	2,892,991	1,537,338	5,319	625,263	22	0,40	144,475	.	18,384	1,234	461,171	.	.	.	.	.

Breslau	1,346,503	1,364,632	10,135	285,642	21,2	0,2	54,652	1,020	14,298	1,951	213,722	19	.	5	1	75
Liegnitz	1,359,476	979,800	7,207	497,908	36,6	0,5	21,303	2,561	93,864	5,885	374,294	4	.	20	1	75
Oppeln	1,319,849	1,241,320	9,405	408,817	31,0	0,3	75,773	5,532	20,703	265	305,544	18	1	5	.	76
Schlesien	4,025,828	3,585,752	8,906	1,192,367	30	0,33	151,728	9,113	128,865	8,101	894,560	.	.	.	.	.
Magdeburg	1,149,691	832,141	7,238	230,579	20,1	0,3	61,122	2,451	11,377	3,378	152,251	27	1	5	1	66
Merseburg	1,020,556	864,853	8,474	189,923	18,6	0,2	72,984	.	10,147	3,224	103,568	38	.	5	2	55
Erfurt	352,463	370,072	10,498	83,790	23,8	0,2	35,102	.	20,032	759	27,897	41	.	24	1	34
Sachsen	2,522,710	2,067,066	8,203	504,292	20	0,24	169,208	2,451	41,556	7,361	283,716	.	.	.	.	.
Schleswig	1,719,464	981,718	5,710	68,588	4,0	0,07	26,315	.	.	.	42,273	38	.	.	.	62
Lauenburg	117,219	49,978	4,264	21,151	18,0	0,42	14,384	.	.	1,370	5,397	68	6	.	.	26
Hannover	3,847,028	1,937,637	5,037	502,354	13,1	0,26	236,466	14,345	62,694	.	188,849	48	3	12	.	37
Jadegebiet	311	1,748	.	.	.	.	.	.	.	.	.	.	.	.	.	.
Münster	724,404	439,213	6,063	132,827	18,3	0,3	2,101	.	1,837	1,233	127,656	2	.	1	1	96
Minden	525,034	477,152	9,089	107,285	20,4	0,2	23,351	.	14,044	2,664	67,226	22	.	13	3	62
Arnsberg	769,145	791,361	10,289	322,157	41,9	0,4	18,954	.	37,167	4,596	261,440	6	.	12	1	81
Westphalen	2,018,583	1,707,726	8,454	562,269	28	0,33	44,406	.	53,048	8,493	456,322	.	.	.	.	.
Coblenz	619,985	555,882	8,966	259,310	41,8	0,5	26,782	.	152,178	3,585	76,765	10	.	59	1	30
Düsseldorf	546,648	1,243,902	22,757	100,371	18,4	0,1	15,975	.	975	545	82,876	16	.	1	1	82
Cöln	397,395	596,493	15,010	121,179	30,5	0,2	11,794	.	7,486	1,969	99,930	10	.	6	2	82
Trier	717,809	578,889	8,065	243,686	33,9	0,4	61,650	.	119,388	953	61,695	25	.	49	1	25
Aachen	415,312	480,192	11,563	107,384	25,9	0,2	28,072	.	37,034	1,240	41,039	26	.	35	1	38
Rheinland	2,697,149	3,455,358	12,797	831,930	37	0,24	144,273	.	317,061	8,292	362,305	.	.	.	.	.
Hohenzollern	114,195	64,632	5,660	38,290	33,5	0,60	.	.	19,021	560	18,709	.	.	50	1	49
Cassel	1,088,521	770,569	7,079	432,457	39,7	0,6	248,521	.	88,850	10,179	84,907	57	.	21	2	20
Wiesbaden	545,240	609,176	11,173	223,293	41,0	0,4	53,256	.	160,155	954	4,950	}24	.	73	.	3
incl. Frankfurt a. M.	.	.	.	.	.	.	.	.	3,885	94	.					
Hessen-Nassau	1,633,761	1,379,745	8,465	655,750	40	0,47	301,777	.	252,890	11,227	89,857	.	.	.	.	.
Staat	34,832,236	24,019,567	6,896	8,137,353	23,4	0,3	2,409,708	76,890	1,246,965	69,825	4,333,969	30	1	15	1	53

Wiesbaden (73 %), Coblenz (59 %), Hohenzollern (50 %), Trier (50 %), Aachen (3 %), Erfurt (25 %), Kassel (23 %), Potsdam (22 %), Liegnitz (21 %), Minden (16 %), Königsberg (15 %), Arnsberg, Frankfurt a. O., Stralsund (13 %), Hannover, Stettin (12 %), Cöslin, Köln (8 %), Danzig, Merseburg (7 %), Breslau, Magdeburg (6 %), Gumbinnen, Oppeln (5 %), Marienwerder, Bromberg (4 %), Posen, Münster, Düsseldorf (2 %). Gar kein Gemeindewald scheint in Schleswig und Lauenburg vorhanden zu sein.

An dem Gemeindewaldbesitz nehmen im Westen mehr die Landgemeinden, im Osten mehr die Stadtgemeinden Theil, und es gehören z. B. im Reg.-Bez. Trier

116,329 Hekt. den ersteren,

3,059 „ den letzteren,

dagegen im Bezirk Liegnitz

58,967 Hekt. den Städten,

34,897 „ den Landgemeinden.

Der Privatwaldbesitz ist in Preußen überwiegend (53 %). Er nimmt im Reg.-Bez. Münster 96 %, Posen 84 %, Düsseldorf und Köln 82 %, in Arnsberg 81 %, in Cöslin und Oppeln 76 %, Breslau und Liegnitz 75 % der Waldfläche ein, beträgt nur 60-70 % in den Bezirken Frankfurt a. O., Magdeburg, Schleswig, Minden; von 50—60 % in den Bezirken Marienwerder, Bromberg, Merseburg; von 40—50 % in den Bezirken Königsberg, Potsdam, Stettin, Stralsund, Hohenzollern; zwischen 30 und 40 % in Erfurt, Hannover, Aachen, Coblenz; zwischen 20 und 30 % in Gumbinnen, Lauenburg, Trier, Kassel; unter 10 % in Danzig (6 %) und Wiesbaden (3 %).

Der Privatwaldbesitz ist im Westen vorherrschend in der Hand des Kleinbesitzes, theilweise auch ungemein parzellirt, vielfach in Genossenschaften vereinigt und Interessentenschaften gehörig; im Osten mehr in der Hand des Großgrundbesitzes. Es wird eine Aufgabe der Forststatistik sein, diesen Unterschied scharf darzustellen und nachzuweisen.

1) Waldfläche des befestigten Grundbesitzes,

2)   „   „   beweglichen Großgrundbesitzes,

3)   „   „   bäuerlichen Grundbesitzes

   a. in Genossenschaften vereinigt,

   b. in freier Benutzung,

   c. nach Gutsflächen und Waldeinzelflächen

     α. über 100 Hekt.,

β. von 50—100 Hekt.,
γ. von 20—50 Hekt.,
δ. von 10—20 Hekt.,
ε. unter 10 Hekt.

Besondere Erwähnung verdienen in Preußen:

1) die Kronfideikommißforsten im Nießbrauch der Regentenfamilie, jedoch im Obereigenthum des Staates (in Tafel XIII. Spalte 9 besonders aufgeführt);

2) die Halbgebrauchsforsten (Mitgebrauchsforsten) in Kurhessen (25,676 H.). Obereigenthümer ist der Staat, nutzungsberechtigt sind gewisse Hofbesitzer. Die Verwaltung führt der Staat auf seine Kosten. Die Kulturkosten und Forstschutzkosten tragen bald die Berechtigten, bald der Staat. Gesetzliche Vorschriften fehlen meist; Observanzen geben die Rechtsregel;

3) die genossenschaftlichen Waldungen des Westens, namentlich die Hauberge in den Kreisen Siegen, Altenkirchen und Olpe, sowie die Waldgenossenschaften im Kreise Wittgenstein, gemeinschaftlich besessene untheilbare Privatwaldungen, deren Verhältnisse durch Specialgesetze geregelt sind[1]).

XV. Waldbestand.
Erträge der Waldwirthschaft in Preußen.
(Tafel XIV., XV., XVI.)

Von der Gesammtbewaldung Preußens gehören etwa 19% dem Berglande, 31% dem Hügellande, 50% dem Flachlande, von letzterem nahezu 700,000 Hektaren dem seenahen Flachlande an (8,5% der gesammten Bewaldung), 3,400,000 Hektaren dem Binnenflachlande (Tafel XIV.)

Von dem Gesammtareale der Staatsforsten, über welche allein genaue Ermittelungen vorliegen, sind fast genau 90% zur Holzzucht bestimmt, 10% bestehen in landwirthschaftlich benutzten Grundstücken, Wegen, Wasserstücken, unproduktiven Flächen, als Felsen, Fennen u. s. w. Nicht produzirend sind überhaupt (Danckelmann und Schneider, Jahrbuch III. S. 192) 115,351 H. oder 4,3% der Gesammtfläche der Staatsforsten.

---

[1]) S. Greiff, die preußischen Gesetze über Landeskultur und landwirthschaftliche Polizei. 1866. — Bernhardt, Haubergswirthschaft im Kreise Siegen 1867. — Deff. Waldwirthschaft und Waldschutz. 1869. — Klette, die Rechtsverhältnisse der Landeskultur-Genossenschaften in Preußen. 1870.

Tafel XIV. Vertheilung der Bewaldung in Preußen auf Berg-, Hügel- und Flachland
(nach überschläglicher Berechnung).

Quellen; O. v. Hagen, die forstl. Verhältnisse Preußens.
Burckhardt, die forstl. Verhältnisse v. Hannover.

Provinz	Gesammt-Waldfläche Hekt.	Vertheilung des Waldes auf das			Bemerkungen.
		Bergland	Hügelland	Flachland	
		Hektaren			
Preußen........	1,252,011	.	626,700	625,311	Die hier gegebenen Zahlen sind nur Näherungswerthe. Genaue Ermittelungen über die Vertheilung der Bewaldung nach den vorgetragenen Kategorien fehlen zur Zeit. Die Zahlen für Hessen-Nassau sind gutachtlich arbitrirt.
Posen..........	625,263	.	99,013	526,250	
Brandenburg....	1,287,186	.	137,586	1,149,600	
Pommern.......	595,904	.	361,000	234,904	
Schlesw.-Holstein	68,588	.	.	68,588	
Lauenburg	21,151	.	.	21,151	
Hannover.......	502,354	70,330	175,823	256,201	
Schlesien	1,192,367	187,000	398,000	607,367	
Sachsen	504,292	49,700	110,000	344,592	
Hessen-Nassau ...	655,750	400,000 gutachtlich	255,750 gutachtlich	.	
Westfalen	562,269	316,800	98,800	146,669	
Rheinland	831,930	v 512,000	208,000	111,930	
Hohenzollern	38,290	38,290	.	.	
Staat.........	8,137,353	1,574,120 19%	2,470,672 31%	4,092,563 50%	

Additional information of this book

(Forststatistik Deutschlands; 978-3-642-50347-4;
978-3-642-50347-4_OSFO2) is provided:

http://Extras.Springer.com

Tafel XVI. Holzpreise in Preußen.

Quellen: O. v. Hagen, Forstliche Verhältnisse von Preußen. — Jahrbuch für die amtliche Statistik des preußischen Staates. II Jahrg.

Regierungs-bezirk	Holztaxen für die Staatforsten de 1867 incl. Nebenkosten				Durchschnittspreis-Notirungen der Handelskammern				Bemerkungen
	pro CM. Eichen-Nutzholz	pro CM Nadel-holz=Nutzholz	pro CM Buchen-Scheitholz	pro CM Nadel-holz=Scheitholz	in	für die Zeit	pro CM hartes Brennholz	pro CM weiches Brennholz	
	Sgr.	Sgr.	Sgr.	Sgr.			Sgr.	Sgr.	
Königsberg ..	102	74	26	17,5	Königsberg	Dezbr. 1865	63	49	Für die neuen Provinzen fehlt es an zuverlässigen Angaben. Die von Burckhardt (Forstl. Verhältnisse von Hannover) gegebenen Preiszahlen beziehen sich auf „die Klafter Gesammtbestandsmasse" ohne Trennung von Nutz=, Bau- und Brennholz. Ueber Schleswig und Hessen-Nassau liegen mir neuere Notirungen nicht vor. — Ueber die Nutzholzmarktpreise fehlen gleichartige und vergleichbare Notirungen gänzlich. Die Angaben des Jahrbuches für die amtliche Statistik von Preußen, II. Jahrgang, S. 157 ff. sind nicht in forstmäßigen Maßen ausgedrückt. Doch mögen einige derselben hier nachrichtlich folgen. In Memel kostete der l. Fuß Mittelbalken 1820 — 18¾ Sgr. 1840 — 5 Sgr. 1864 — 11—12 Sgr. In Stralsund kostete 1 Elle (2′) Eichenholz 8 und 8″ kantig 1820 — 9 Sgr. 1840 — 9½ Sgr. 1865 — 18 Sgr. In Görlitz kostete der Kbfß. ordinär Kleinbauholz (Kiefern) 1830 — 1¼ Sgr. 1851 — 3¾ Sgr. 1865 — 3—4 Sgr. In Erfurt kostete der Kbfß Kiefern=Bauholz 1860 — 16 Sgr. Fichtenbauholz 1860 — 16 Sgr. In Düsseldorf bezahlte man den Kfß. Eichen=Bauholz, beschlagen, Transport eingerechnet: 1820 mit 15 Sgr.; 1840 mit 24 Sgr.; 1846 mit 20—30 Sgr. Da vorstehende Angaben nur die Bewegung der Holzpreise darstellen sollen, so ist ihre Umrechnung auf das Metermaaß unterlassen worden.
Gumbinnen ..	134	77	22	17	Elbing	do.	59	44	
Danzig	85	58	31	21	Danzig	do.	72	61	
Marienwerder	112	67	30,5	22,5	Thorn	do.	61	50	
Posen	115	85	39	29	Posen	do.	66	49	
Bromberg .	106	67	35	27	Bromberg	do.	71	51	
Stettin......	160	96	52	37	Stettin	do.	79	57	
Cöslin	109	61	29	15	Colberg	do.	79	40	
Stralsund ...	144	90	51	36	.	.	.	.	
Breslau	150	96	44	32	Frankenstein	do.	63	53	
Liegnitz	157	112	52	39	Görlitz	do.	79	67	
Oppeln	118	70	35	31	Oppeln	do.	53	47	
Potsdam	202	122	62	49	Berlin	do.	104	68	
Frankfurt ...	195	106	51	38	Frankfurt	do.	73	60	
Magdeburg ..	218	138	77	45	Magdeburg	do.	106	79	
Merseburg ...	195	138	65	50	Torgau	do.	80	71	
Erfurt	176	150	48	30	Erfurt	do.	159	141	
Münster	176	144	40	27	Münster	do.	65	55	
Minden	224	166	36	22	Minden	do.	97	88	
Arnsberg....	170	173	36	25	Dortmund	do.	62	.	
Coblenz	189	122	58	39	Coblenz	do.	97	84	
Düsseldorf ...	256	122	46	26	Kleve	do.	53	35	
Cöln........	192	112	51	38	Cöln	do.	88	.	
Trier	170	112	41	26	Saarbrück	do.	62	40	
Aachen	198	115	38	24	Aachen	do.	57	49	

Bei weitem die größte Verbreitung hat in den preußischen Forsten die Kiefer. Sie nimmt in den Staatsforsten 56 % der Gesammtfläche ein und ist in allen Flachlandsforsten die herrschende Holzart. Ihr am nächsten steht die Buche (16 %) im Hügellande und westlichen Berglande herrschend und die Fichte (12 %), welche mit der selten in reinen Beständen vorkommenden Tanne in den Berg- und Hügellandschaften der östlichen Provinzen bestandsbildend auftritt und in Preußen und Oberschlesien im Flachlande sich den Kiefernbeständen einmischt.

Die Eiche ist den Rodungen der auf dem besten Boden stockenden Waldflächen, der Kahlschlagwirthschaft, den bodenzerstörenden Nebennutzungen gewichen und nur auf etwa 7 % der Staatswaldfläche dominirend. Ihre reichliche Erziehung in Horsten und Gruppen in allen Buchen- und den Nadelholzbeständen auf den mittleren und besseren Böden ist Wirthschaftsziel der preußischen Staatsforstverwaltung.

Mittel- und Niederwald sind in den Staatsforsten Preußens nur auf etwa 9 % der Fläche vertreten. In der Gesammtbewaldung des Landes nimmt jedoch der Niederwald und speziell der Eichenschälwald im ganzen Westen eine hervorragende Stelle ein. Das Aufblühen des Gerbereibetriebes fordert bei bedeutender Einfuhr fremder Rinden[1] Vermehrung der Rindenproduction im eigenen Lande und es bedarf keines rechnungsmäßigen Beweises, daß es unwirthschaftlich ist, mit negativer Grundrente in der klimatischen Zone des Eichenschälwaldes[2] Buchenverlustwirthschaft zu treiben, während an demselben Orte durch eine rationelle Eichenschälwaldwirthschaft, welche dem Waldbesitzer eine bedeutende Grundrente sichert, gleichzeitig ein der inländischen Industrie unentbehrliches Rohmaterial in ausreichender Menge erzeugt werden kann.

Die Umwandlung eines Theiles der Buchenbestände in den Absatzgebieten der fossilen Brennstoffe des preußischen Westens in Eichenschälwald verdient die Aufmerksamkeit unserer Staatsforstwirthe in

---

[1] Dieselbe betrug im Zollverein (s. Danckelmann, Zeitschrift II. S. 362 nach Bienengräber, Statistik des Verkehrs und Verbrauchs im Zollverein 1842—1864. Berlin 1868):

1842—46	64,672	Ctr.,	die Ausfuhr	81,504	Ctr.
1847—50	59,973	„	„	„	57,774	„
1851—54	40,015	„	„	„	78,578	„
1855—59	52,676	„	„	„	81,442	„
1860—64	122,767	„	„	„	74,362	„

jährlich im Durchschnitt; 1864 allein betrug die Einfuhr 168,124 Ctr.

[2] Die klimatische Zone des Eichenschälwaldes wird östlich im Wesentlichen durch die Elbe in Preußen begrenzt, soweit unsere heutige Kenntniß reicht.

hohem Grade. An einer genauen Schälwaldstatistik fehlt es zur Zeit noch.

Der Naturalertrag der preußischen Staatsforsten an Holz beziffert sich pro Hektare des zur Holzzucht bestimmten Bodens auf 2,4 Festmeter (4,2 bis 1,4). Die Abnutzung ist im Allgemeinen im Westen größer, als im Osten (Spalte 20 der Tafel XV.), überall aber innerhalb der Grenzen einer streng nachhaltigen und konservativen Waldwirthschaft erhalten. Die preußische Staatsforstwirthschaft schließt sich in dieser Beziehung den Principien der gesammten preußischen Staatswirthschaft, welche mit dem Gute des Staates und der Staatsangehörigen stets nach Art eines guten Hausvaters zu verfahren gewohnt war, in ehrenvollster Weise an. Sie ist denn auch unvorherzusehenden Unglücksfällen jederzeit gewachsen.

Der Geldertrag der Staatsforsten Preußens beziffert sich pro 1871 (Taf. XV. Spalte 17 und 19) für Holz mit 4,9 Thlr. (pro Hektare des zur Holzzucht bestimmten Bodens), im Ganzen mit 12⅓ Mill. Thlr. Er liegt, seine größte relative Höhe in den mittleren Provinzen der Monarchie (Sachsen, Schleswig) findend, zwischen 3 Thlr. pro Festmeter des eingeschlagenen Holzes (in dem waldarmen Schleswig mit reicher Küstenentwickelung und Seefahrt resp. Schiffsbau) und 1 Thlr. (Gumbinnen) Brutto, alle Sortimente in einander gerechnet.

Die Holzpreise, soweit sie sich durch die auf Fraktions-Berechnungen beruhenden Holztaxen für die Staatsforsten ausdrücken, sind in Tafel XVI. zusammengestellt. An einer genauen Statistik der Holzpreise fehlt es zur Zeit.

Die etatsmäßigen Einnahmen der Staatsforstverwaltung ebenso, wie die sämmtlichen Ausgaben — Produktionskosten der Waldwirthschaft — stellt Tafel XVII. für das Jahr 1871, Tafel XVIII. summarisch pro 1845 bis 1867 dar. Letztere gestattet gleichzeitig die Vergleichung der Erträge aus den Staatsforsten von Preußen und Baiern.

Unermittelt ist bisher der wahre (forstliche und außerforstliche) Werth der Waldnebennutzungen. Es werden in Zukunft zu trennen sein

1) die eigentlichen Waldnebennutzungen, Raff- und Leseholz, Gras-Weide-, Streu-Nutzung, Benutzung der Waldfrüchte und Sämereien, der Pilze u. s. w., von dem zur Holzzucht bestimmten Boden,

2) die Nutzungen von solchen Grundstücken, welche zwar von der

Tafel XVII. Etat der preußischen Staatsforstverwaltung.

pro 1871

nach: Danckelmann und Schneider, Jahrbuch III. S. 187.

Einnahme.

Fläche.	Jahr	Tit. 1 für Holz	Tit. 2 für Neben-Nutzungen	Tit. 3 Aus der Jagd.	Tit. 5 An vermischten Einnahmen.	Tit. 4 Von Nebenbetriebsanstalten						Tit. 6 Von den Forst-Lehr-Anstalten.	Summa	Bemerkungen
						Torf-stiche	Flöße-reien.	Wiesen-anlagen	Thier-garten bei Cleve.	Brenn-holz-Nieder-lagen.	Säge-mühlen-betrieb			
Hektare		Thlr.	Thlr.	Thlr.	Thlr.	Thlr.	Thlr.	Thlr.	Thlr.	Thlr.	Thlr.	Thlr.	Thlr.	
1	2	3	4	5	6	7	8	9	10	11	12	13	14	15
2,331,697 zur Holz-zucht bestimmte Fläche 266,157 z. Holzz. nicht best. Fläche Zusammen 2,597,854	1871	12,303,000	1,031,000	100,111 darunter 10,740 Ablös.-Rente	145,409	80,790	20,613	15,727	4,798	32,180	199,322	6,050	13,939,000	
Pro Hekt. Holzboden	.	5,3	0,44	.	.	.	.	.	.	.	.	.	6,0	
Pro Hekt. der Gesammt-waldfläche	.	.	0,39	0,03 Netto 0,02	.	.	.	.	.	.	.	.	5,4	

353,430 nach Abzug der Betriebsausgaben mit 265,480 Netto 87,950

Ausgabe.

Titel	Betrag	Betrag pro Hectar		Betrag in Prozenten der ganzen Ausgabe.	Bemerkungen
		Gesammt-Waldfläche	Holzboden		
	Thlr.	Thlr.	Thlr.		
1. Besoldung des technischen Forstpersonals . .	2,150,728	0,83	.	31,0	1—4 zus. pro Hect. 0,94 Thr. Die erndtekostenfreie Einnahme aus dem Holze beträgt 10,360,300 Thlr., pro H. Holzboden: 4,44 Thlr. Die Werbungs- und Transportkosten betragen 15,8 pCt.der Brutto-Einnahme für Holz.
2. „ der Forstkassenbeamten	209,300	0,08	.	3,0	
3. Gratifikationen und Unterstützungen	55,920	0,02	.	1,0	
4. Pensionen und Unterstützungen für Wittwen .	44,130	0,02	.	0,6	
5. Kosten der Werbung und des Transports der Forstprodukte	1,942,700	.	0,83	28,3	
6. Communal- und Reallasten 2c.	350,450	0,13	.	5,0	
7. Forstbau- und Forstwegebaugelder	593,025	0,23	.	8,9	Nur f. Communikations- und Vicinalwege.
8. Kulturen, ...	759,000	.	0,32	11,0	Unter Hinzurechnung der extraordinair bewilligten Summe für Kulturen pro H. 0,35 Thlr.
Vermessungen und Forsteinrichtungen . . .	55,330	0,02	.	1,0	
9. Prozeß- und Auseinandersetzungskosten . . .	65,474	0,03	.	1,0	
10 Jagdverwaltungskosten	18,550	0,01	.	0,3	
11. Nebenbetriebsanstalten	265,480	.	.	3,8	
12. Vermischte Ausgaben	321,513	0,12	.	4,7	ad 12. Botenlöhne, Druckkosten, Umzugskosten, Vertilgung schädl. Insecten u. s. w.
13. Für Forstlehrzwecke und das forstliche Versuchs-wesen	30,900	0,01	.	0,4	
Summe im Ordinarium	6,862,500	2,6	2,9	100,0	
1. Zur Ablösung von Servituten	500,000	.	.		
2. Zum Ankauf von Grundstücken und zur Ent-lastung der Domainen und Forsten 2c. . . .	50,000	.	.		
3. Prämien zu Chausséen 2c.	25,000	.	.		
4. Extraordinaire Kulturgelder	75,000	.	0,03		
5. Dritte Rate zum Bau d. Akademie in Münden	20,000	.	.		
Summe	7,532,500	2,9	3,2	.	

Tafel XVIII.

Hauptwirthschaftsergebnisse der Staatsforsten in Preußen. 1845 bis 1867.

Quelle: Danckelmann, Zeitschrift I. S. 518 nach amtlichen Mittheilungen.

Jahr	Die Holznutzung hat betragen pro Hektar des Holzbodens jährlich			Nutzholz	Auf je 100 Festmeter Derbholz entfielen		Durchschnittspreis für alle Holzarten pro Festmeter, wenn 2 FM. Stock- und Reiserholz gleich 1 FM. Derbholz gerechnet werden	Jahreseinnahme für Holz einschließlich des Werths der Freiholzabgaben		Jahres-Einnahme aus den Neben-Nutzungen, der Jagd und anderen Erträgen	Gesammter Bruttoertrag pro Jahr		Gesammte Ausgabe pro Jahr		Gesammter Reinertrag pro Jahr		Der Reinertrag ist vom Bruttoertrage	Der Reinertrag ist, wenn er pro 1845/49 = 100 gesetzt wird, gestiegen auf	In den Staatsforsten von Baiern hat für die entsprechenden Zeitabschnitte betragen der Reinertrag	Prozent vom Bruttoertrage	ist gestiegen von 100 auf
	Derbholz	Stock- und Reiserholz	zusammen	Prozent	Stockholz	Reiserholz			pro Hektar Holzboden			pro Hektar ertragsfähiger Fläche		pro Hektar ertragsfähiger Fläche		pro Hektar ertragsfähiger Fläche	Prozent				
	Festmeter				FM.	FM.	Thlr.	Thlr.	Thl.	Thlr.	Thlr.	Thlr.	Thlr.	Thlr.	Thlr.	Thlr.			Thlr.		
1	2			3	4	5	6	7	8	9	10	11	12	13	14	15	16	17	18	19	20
1845/49	1,5	0,40	1,90	24,6	8,4	17,6	1,53	4,960,894	2,24	533,077	5,493,971	2,35	2,664,720	1,14	2,829,251	1,21	51	100	2,197,982	55	100
1850/54	1,6	0,42	2,02	25,6	8,2	17,8	1,89	5,257,049	2,39	680,490	5,937,544	2,55	2,678,995	1,16	3,258,549	1,39	55	115	1,918,091	50	87
1855/59	2,0	0,45	2,45	26,9	6,4	16,4	1,75	6,604,749	3,01	810,944	7,415,693	3,20	3,205,756	1,39	4,209,937	1,81	57	149	2,950,334	57	134
1860/64	2,1	0,50	2,60	27,8	7,2	18,4	1,96	7,969,725	3,67	964,063	8,933,788	3,86	3,553,646	1,47	5,380,142	2,39	60	190	3,902,365	61	180
1865	1,9	0,64	2,54	31,6	9,1	24,0	2,56	9,547,612	4,41	1,155,526	10,703,138	4,64	3,798,203	1,65	6,904,935	2,99	65	244	4,595,231	63	210
1866	1,8	0,70	2,50	33,2	10,8	27,0	2,88	8,935,202	4,15	1,084,423	10,019,625	4,35	3,948,808	1,71	6,070,817	2,64	61	214	.	.	.
1867	1,8	0,61	2,41	30,1	8,6	25,0	2,67	8,483,963	3,94	1,085,530	9,569,493	4,16	4,027,836	1,69	5,541,657	2,47	58	196	.	.	.

Bemerkung. Der stärkere Einschlag der Jahre 1855/64 ist durch Insektenschäden in Ostpreußen herbeigeführt. Die Tafel ist durch einfache Umrechnung der von Danckelmann nach amtlichen Nachrichten gegebenen konstruirt.

Forstverwaltung mitverwaltet werden, aber nicht zur Holzzucht benutzt werden, von Aeckern und Wiesen, Teichen, Thon= und Lehmgruben, Steinbrüchen u. f. w.

Letztere sind für den Wald=Reinertrag indifferent; nur bei den Dienstländereien der Forstbeamten ist das Minus an Pacht, welches dieselben gegen die ortsüblichen vollen Pachtsätze zahlen, den Produktionskosten der Waldwirthschaft zuzurechnen.

Ferner sind zu trennen:

1) Werth der Nebennutzungen für den Nutzungs-Berechtigten oder Empfänger (incl. Arbeitsrente),
2) Werth der Nebennutzungen, welcher dem Waldbesitzer zufließt.

XVI. Organisation der preußischen Staatsforstverwaltung. Bei der Waldwirthschaft beschäftigte Personen.

Für die Verwaltung der Staatsforsten in Preußen findet das Oberförstersystem Anwendung, während in einigen anderen deutschen Staaten noch heute das Revierförstersystem in Geltung ist (z. B. in Sachsen, in Braunschweig u. a. m.). Beide unterscheiden sich im Wesentlichen dadurch, daß bei den ersteren die Betriebsführung bei dem Lokalrevierbeamten beruht, die Ausführung durch technisch=praktisch geschulte Förster erfolgt, die Controle durch Forstmeister oder Oberforstmeister geübt wird; während bei dem letzteren die Betriebsführung dem Forstmeister (in Hannover bis 1866, in Braunschweig, in Mecklenburg u. f. w.) oder Oberforstmeister (wie in Sachsen), die Ausführung dem Revierförster mit Hülfe von meist wenig geschulten Unterbeamten obliegt.

Die preußische Forstverwaltung ist dem Finanzministerium (II. Abtheilung für Domainen und Forsten) unterstellt. Technischer Chef derselben ist der Oberlandforstmeister (Ministerialdirektor), der alle Generalien und die Personalien der höheren Beamten, Oberförster und Forstkassenrendanten bearbeitet und die ganze Verwaltung unter dem Minister leitet.

Als Ministerialräthe fungiren Landforstmeister und Oberforstmeister, welche das Referat für territorial gebildete Directionsbezirke haben.

Unter dem Ministerium stehen:

1) die beiden Forst = Akademien zu Neustadt = Eberswalde und Münden,
2) die von Ladenberg'sche und
3) die von Reuß'sche Jubilarstiftung (Stipendienstiftungen).

Die Direktion der Forstakademien liegt Direktoren ob, welche im Range der Oberforstbeamten stehen und für die Institutsforsten auch dem entsprechende Funktionen haben.

Ju Preußen bestehen zur Zeit (vergl. Tafel XX.) als Provinzial= behörden 29 Regierungen und eine Finanz = Direktion (Hannover[1]). Bei jeder der Regierungen und bei der Finanz=Direktion zu Hannover fungirt als technischer Departementschef der Forstverwaltung und in der Regel als Mit=Dirigent der Finanz=Abtheilung ein Oberforst= meister. Die Beamten dieser Kategorie zu Königsberg, Gumbinnen, Danzig, Marienwerder, Posen, Bromberg, Stettin, Cöslin, Breslau, Oppeln, Potsdam, Frankfurt, Magdeburg, Merseburg, Erfurt, Min= den, Arnsberg, Koblenz, Trier, Aachen, Schleswig, Hannover, Kassel und Wiesbaden (24) sind wirkliche Oberforstmeister (mit dem Range der Oberregierungsräthe) und Dirigenten der Finanz=Abtheilungen; die Oberforstbeamten zu Stralsund, Liegnitz, Düsseldorf, Köln sind Titular=Oberforstmeister (4). In Sigmaringen (Regierungsbezirk ohne Staatsforsten) fungirt als Referent in Forstsachen ein Forstinspektor, in Lauenburg ist ein Forstmeister als Oberforstbeamter bestellt[2].

Die gesammten Staatsforsten und die unter Staats = Oberaufsicht resp. Staatsverwaltung stehenden Gemeinde= und Institutenwaldungen

---

[1] Verordnung vom 26. Dezember 1808. — Instruktion vom 23. Oktober 1817. — Cab.=Ordre vom 31. Dez. 1825.

Die Regierungen stehen unter den Oberpräsidenten, welche die Chef = Präsi= denten derjenigen Regierungen sind, welche im Provinzial=Hauptorte bestehen und sind allen Ministerien in Betreff der einzelnen Geschäftszweige untergeordnet.

Die Regierungen bestehen meist aus mehreren Abtheilungen. Eine Abthei= lung haben die Regierungen zu Stralsund und Sigmaringen; zwei Abtheilungen (Abtheilung des Innern, Abtheilung für direkte Steuern, Domainen und Forsten) haben die Regierungen zu Gumbinnen, Danzig, Köslin, Oppeln, Bromberg, Er= furt, in der Rheinprovinz und Westfalen. Bei den übrigen Regierungen tritt eine dritte Abtheilung für Kirchen= und Schulsachen, in Marienwerder und Frank= furt auch eine besondere Abtheilung für die landwirthschaftlichen Angelegenheiten hinzu. Bei einzelnen Regierungen bestehen landwirthschaftliche Kollegien.

Ressort der Regierungen: Innere Verwaltung, äußere Kirchen= und Schul= sachen, Staatsvermögensverwaltung (Domainen und Forsten), direkte Steuern, landwirthschaftliche Angelegenheiten.

Im Jahdegebiete vertritt die Stelle der Regierung das Admiralitäts=Kom= missariat zu Oldenburg (Verordnung vom 5. Nov. 1854).

Die Finanzdirektion zu Hannover besteht aus mehreren Abtheilungen. Die dritte Abtheilung „für Forsten" wird vom dortigen Oberforstmeister dirigirt.

[2] Für Münster ist ein besonderer Oberforstbeamter nicht bestellt. Die Ge= schäfte desselben werden durch den Oberforstbeamten zu Minden wahrgenommen.

sind in Oberförstereien eingetheilt, von denen mehrere zu einer In=
spektion vereinigt sind, der ein Forstmeister vorsteht. In den meisten
Fällen sind die Oberforstbeamten gleichzeitig Inspektionsbeamte.
(Vergl. hierüber Tafel XIX).

Der Schwerpunkt der Verwaltung liegt in der Oberförsterei. Unter
dem Oberförster fungiren 1) Revierförster (nur in sehr großen oder
sehr parzellirten Revieren), welche einem Schutzbezirke vorstehen und
zugleich als Gehülfen des Oberförsters einzelne Verwaltungsgeschäfte
in mehreren Schutzbezirken besorgen, übrigens sowohl aus der Zahl
der examinirten Oberförsterkandidaten, als auch der besonders tüchtigen
Förster ausgewählt werden; 2) Förster, welche einem Schutzbezirke vor=
stehen, die ausführenden Organe sind und für die ordnungsmäßige
Ausführung der Hauungen, Kulturen und aller anderen Waldarbeiten,
für die geordnete Abfuhr der verkauften Waldprodukte, für die Sicher=
heit des Waldeigenthums persönlich verantwortlich sind; 3) Forstschutz=
gehülfen (Forstaufseher auf etatsmäßigen Stellen, Hülfsjäger zur vor=
übergehenden Aushülfe im Forstschutz); 4) Waldwärter, Inhaber sehr
unbedeutender Schutzbezirke, nicht immer forsttechnisch gebildet.

Die jährlichen Hauungs= und Kulturpläne entwirft der Oberförster.
Sie werden durch den Forstmeister geprüft und vorläufig, durch den
Oberforstmeister definitiv festgestellt. Der Verkauf der Waldprodukte
und die gesammte Rechnungslegung, soweit sie die Natural=Einnahme
und Ausgabe, die Verausgabung von Holz=Bereite= und Bringer=Löh=
nen, Kultur= und Wegebau=Kosten, Insecten=Vertilgungs=Kosten u. s. w.
betrifft, ist Sache des Oberförsters; eine die Gesammt=Geld=Einnahme
und Ausgabe des Reviers darstellende (sog. Geld=) Rechnung legt der
Forst=Kassenrendant. Sämmtliche Rechnungen werden durch die Re=
gierungen vorgeprüft und gehen dann zur endgültigen Prüfung an
die Ober=Rechnungs=Kammer[1]).

Die Gehaltskompetenzen der einzelnen Beamtenkategorien sind in
Tafel XX. zusammengestellt.

Die Laufbahn für den Königlichen Forstverwaltungsdienst in Preu=
ßen ist von der für den Forstschutzdienst streng geschieden.

Erstere erfordert nach bestandener Maturitätsprüfung auf einem
Gymnasium oder einer Realschule erster Ordnung eine einjährige Lehr=
zeit bei einem Oberförster, nach deren Beendigung durch die Forst=
elevenprüfung die Befähigung nachzuweisen ist, akademische Vorträge

---

[1]) Immediatbehörde zur Prüfung aller Staatsrechnungen und Entlastung
der Rechnungsleger.

Tafel XIX. Organisation der Staatsforstverwaltung in Preußen[1].

Provinz	Fläche des Staats- und unter Staatsoberaufsicht stehenden Gemeindewaldes. Hett.	Zahl der Bezirks-Oberforst-Beamten	Zahl der Forstinspections-Beamten	Mittlere Größe der Inspections-Bezirke. Hett.	Der Oberförstereien Zahl	Der Oberförstereien mittlere Fläche Hett.	Der Forstschutz-Bezirke Zahl	Der Forstschutz-Bezirke mittlere Fläche Hett.	Bemerkungen.
1	2	3	4	5	6	6	7	7	8
Preußen	622,512 Staatswald	4	14 (18)	41,500	111	5,608	655	950, 6 pro Revier	Kleinste Oberförsterei 2,176 H. (Warnicken). Größte " 14,427 " (Klooschen).
Posen	144,475 Staatswald	2	2 (4)	36,119	25	5,779	153	944, 6 pro Revier	Kleinste Oberförsterei 3,735 H (Mausche). Größte " 14,400 " (Zirke).
Pommern	177,862 Staatswald	3	4 (7)	25,409	42	4,235	224	794, 5 pro Revier	
Brandenburg	376,302 Staatswald	2	10 (11)	34,210	70	5,376	392	960, 5,5 pro Revier	Kleinste Oberförsterei 1,620 H. (Lüdersdorf). Größte " 11,150 " (Himmelpfort).
Schlesien........	151,728 Staatswald	3	4 (7)	21,675	33	4,600	240	632, 7 pro Revier	
Sachsen........	169,208 Staatswald	3	8 (10)	16,903	55	3,076	306	553, 6,5 pro Revier	Kleinste Oberförsterei 900 H. (Schermke). Größte " 7,400 " (Elsterwerda)
Schleswig-Holstein	26,315 Staatswald	1	2 (3)	8,771	17	1,548	32 ?	822 ?, 2 pro Revier	
Hannover	361,315 Staats- u Gem-Wald	1	28 (28)	12,900	129	2,800 für St.- u. G.-W.	381 ?	948 ?, 3 pro Revier	
Westfalen	St. 44,406 / G. 53,048	2	4 (6)	16,576	19	2,337 nur f. d. St.-W.	134	331, 7 pro Revier	
Rheinland........	St. 144,273 / G. 317,061	5	7 (12)	38,445	43	3,355 nur f. d. St.-W.	303	476, 7 pro Revier	Kleinste Oberförsterei 793 H. (Baumholder). Größte " 7,119 " (Tronecken).
(Sigmaringen) ...	.	.	(1)	.	.	.	.	.	
Hessen-Nassau ...	565,994 Staats- u. Gem.-Wald	3 (2 in Kassel)	25 (27)	20,963	162	3,493 f. St.- u. G.-W.	826 ?	685, 5 pro Revier	
Staat ...		29	108 (1)		706		3646		

[1] Zu Tafel XIX. In den Provinzen Preußen, Posen, Pommern, Brandenburg, Schlesien, Sachsen, Schleswig, Westfalen, Rheinland sind die Oberförstereien nur aus Staatswald (St. in Sp. 2) gebildet, die Fläche in Sp. 6 daher durch Division der Staatswaldfläche (Sp. 2) durch die Zahl der Oberförstereien ermittelt. Die Inspectionsbezirke dagegen setzen sich in den Provinzen Westfalen und Rheinland ebenso, wie die Inspectionen und Reviere in Hannover und Hessen-Nassau aus den Staats- und Gemeindewaldungen (Sp. 2) zusammen, und ist die Fläche in Sp 5 daher der Quotient aus der Gesammtfläche in Sp. 2 und der Zahl der Inspektionen. Da die Oberforstbeamten ebenfalls Inspektionen haben (mit Ausnahme der Oberforstmeister in Frankfurt a. O., Magdeburg, Kassel und Hannover), so ergiebt sich die Zahl der Forstinspektionen aus Sp. 3 und 4. Sie ist in Klammern in letzterer angegeben. Die Angaben über die Zahl und Größe der Forstschutzbezirke in den neuen Provinzen (nach Schneider, Forstkalender 1871) ist unsicher. Vgl. Taf. XV.

mit Nutzen zu hören, ein mindestens zweijähriges Studium auf einer Forstakademie, Ableistung des forstwissenschaftlichen Tentamens[1]), und der Feldmesserprüfung, dann eine nochmalige zweijährige praktische Vorbereitungszeit, innerhalb welcher der Forkandidat mindestens 9 Monate lang die Funktion eines Försters erfüllt haben muß und an welche sich die Ablegung des forstlichen Staatsexamens anreiht[2]).

Nach dem letzteren werden die Oberförster-Kandidaten bei den Regierungskollegien (in einzelnen Fällen auch bei der Centralbehörde) als Hülfsarbeiter, bei Vermessungen und Betriebsregulirungen, sowie als Revierverwalter gegen Tagegelder beschäftigt[3]). Die Anstellung erfolgt jetzt 5—6 Jahre nach bestandenem Staatsexamen[4]).

---

[1]) Vor der K. Ministerialkommission zur Prüfung der Forsteleven in Berlin. Der Examinand erlangt durch die Ablegung des Tentamens den Grad als „Forstkandidat."

[2]) Vor der K. Forst-Ober-Examinationskommission zu Berlin. Der Kandidat erlangt nach bestandener Prüfung den Grad des „Oberförsterkandidaten." Das Tentamen erforscht die wissenschaftliche Vorbildung der Anwärter, das Staatsexamen die Brauchbarkeit derselben für den praktischen Verwaltungsdienst.

[3]) Ein Theil der Oberförsterstellen (1/3) in den alten Provinzen wird durch Mitglieder des sog. reitenden Feldjägercorps besetzt, eines militärischen Instituts, welches, von Friedrich d. Gr. begründet, den Zweck hat, Kouriere für die Beförderung von Staatsdepeschen bereit zu halten, deſſen Mitglieder aber allen Ansprüchen zu genügen haben, wie die übrigen Aspiranten für den Staatsforstdienst. In dem eigentlichen Feldjägerdienst werden die Feldjäger nur nach der Ableistung der Staatsprüfung verwendet, bis dahin im Frieden stets beurlaubt.

[4]) Das forstwissenschaftliche Tentamen bestanden

1867	24	Eleven von 40, welche sich prüfen ließen,					
1868	44	„	„	69,	„	„	„	„
1869	39	„	„	77,	„	„	„	„
1870	40	„	„	61,	„	„	„	„

das forstliche Staatsexamen

1867	31	Kandidaten von 37, welche überwiesen waren,				
1868	29	„	„	34,	„	„	„

Bei 844 Stellen der Provinzial- und Lokalverwaltung (Oberförster und höhere Beamte) und 25jähriger Dienstzeit nach der Anstellung (im 33sten Jahre, also bei einer mittleren Lebensdauer der 33 Jahre alt gewordenen Forstbeamten bis zum 58sten Lebensjahre) berechnet sich der mittlere Bedarf der Forstverwaltung auf jährlich 33—34 Anwärter. Hierbei ist jedoch zu berücksichtigen, daß die Zahl der Forstinspektionen nach dem Normalplane um 15 (auf 123) incl. Oberforstbeamtenstellen, die der Oberförstereien um 36 (auf 670) verringert werden soll, so daß die Gesammtzahl der Stellen dann nur 793 betragen wird.

Auf jeder der Forstakademien zu Neustadt-Eberswalde und Münden studiren jetzt 60—65 Forsteleven (1830 in Neustadt 30—40; 1840 30—40; 1850 80—90; 1860 ca. 50; 1866 im Sommer 66; 1867 70; 1868 92; 1869 61. In Münden 1868 37; 1869 47; 1870—71 60—65

Tafel XX. Diensteinkommen, Diäten und Reisekosten, Umzugs

Nach Otto v. Hagen, Die forstlichen Verhältnisse von

Amts-function	Amts-Charakter (Titel)	Ernennende Instanz	Rang-Klasse	Diensteinkommen			
				Pensions-fähiges Gehalt	Dienst-aufwands-gelder und Fuhr-kosten-Fixe	Func-tions-zulagen	Dienst-lands-Nutzung gegen Pacht auf Hectare
				Thlr.	Thlr.	Thlr.	
1	2	3	4	5	6	7	8
Ministerial-direktor	Oberland-forstmeister	Staats-Oberhaupt	1	4000 (+ 500)	.	.	.
Ministerial-rath	Landforst-meister	desgl.	2	2200—3000 (+ 300)	.	.	.
	Oberforst-meister	desgl.	3	2200—3000 (+ 300)	.	.	.
Oberforst-beamter	wirkl. Ober-forstmeister	desgl.	4	1200—1800 (+ 200)	400—600	100—300 für wirkl. Oberforst-meister	.
	Tit. Ober-forstmeister	desgl.	5				
Forstinspec-tionsbeamter	wirklicher Forstmeister	desgl.	5	1000—1800 (+ 200)	500—600	.	.
	Titular-Forstmeister	desgl.	5—6 Tit. Rath				
Revier-verwalter	Oberförster	Finanz-minister	. [2]	650—1050 (+ 150)	150—500 zukünftig durchschn. 400	.	20—25 im Durchschnitt
Forstkassen-rendant	. [1]	ders	.	1000 [4] meist nicht pensionsfähig	.	.	.
.	Oberförster-kandidat	ders.	.	.	.	.	.
.	Forstkandidat	ders.	.	.	.	.	.
Revierförster	Revierförster	ders.	.	330—520 (+ 35)	.	.	18
Forstschutz-beamter	Heegemeister	ders.	.	270—370 (+ 35)	.	20—50	18
	Förster	Bezirks-Regierung	. [3]	270—370 (+ 35)	.	.	18 im Durchschn.
Forstschutz-gehülfe	Forstaufseher	dies.	.	.	.	.	in einzel-nen Fällen 1—4 Hect.
	Waldwärter	dies.	.	.	.	.	
	Hülfsjäger	dies.	.	.	.	.	

Kosten und Ruhegehälter der preußischen Staats-Forstbeamten.

Preußen und späteren amtlichen Publikationen.

Reise- und Tagegelder bei Dienstreisen und für diätarisch beschäftigte Beamte				Umzugsgelder bei nicht lediglich auf Antrag erfolgten Versetzungen			Ruhegehalt	Bemerkungen
Tagegelder	Fuhrkosten			Allgemeine Kosten	Transportkosten für je 5 Meilen	Persönliche Reise-kosten und Diäten		
	pro Meile Landweg	pro Meile Eisenbahn	Fuhrkosten-Zulage					
Thlr.	Sgr.	Sgr.	Thlr	Thlr.	Thlr.			
9	10	11	12	13	14	15		
.	.	.	.	.	.	.	Sämmtliche Beamte erhalten nach beendetem 15ten Dienstjahre 4/16 des pensionsfähigen Gehaltes als Ruhegehalt, mit beendetem 20sten Dienstjahre 5/16 und so weiter ein mit je 5 Jahren Dienstzeit um 1/16 bis zum Maximal-Satze von 12/16 (bei 50jähriger Dienstzeit) steigend. Pensions-Beiträge werden n i c h t gezahlt.	1) Forkassenrendanten erhalten bisweilen den Titel Rechnungsrath (v. Staats-Oberhaupte verliehen) und treten dadurch in den Rang der Titular-Räthe.
.	.	.	.	.	.	.		2) Die Oberförster gehören nicht zu den in 5 Rangklassen geordneten höheren Beamten, sondern stehen zwischen diesen und den Subalternen der Provinzial-Behörden.
.	.	.	.	.	.	.		3) Heegemeister und Förster sind zwischen den Subaltern- und Unter-Beamten einzurangiren.
3	30	10	1 pro Tag	180	15			4) Meist Tantièmen für die Rendantur, kein festes Gehalt (1,6% im 50j. Durchschnitt).
2½	30	10	.	130	12			5) Vergl. den Allerh. Erlaß vom 26. März 1855 und die Fin.-Min.-Verf. vom 28. März 1867 bei Danckelmann u. Schneider, Jahrbuch I. S. 15.
2½	30	10	.	130	12	wie Spalte 9—12 5)		
2½	30	10	.	80	9			
2	15	7½	.	70	8			
2	15	7½	.	.	.			
1—1⅔	15	7½	.	.	.			
⅔—⅚	15	7½	.	.	.			
⅔	15	7½	.	50	6			
⅔	15	7½	.	50	6			
⅔	15	7½	.	50	6			
½	15	5	.	.	.			
⅓	15	5	.	25	4			
⅓	15	5	.	.	.			

Wer sich für die höheren Stellen der Forstverwaltung besonders qualifiziren will, hat dies durch Ablegung des Regierungs= und Forst= referendariats=Examens und des Assessor=Examens zu bewirken. Hierzu ist ein noch mindestens zweijähriges Universitätsstudium erforderlich. Uebrigens sind tüchtige Oberförster, auch wenn sie sich diese Qualifi= kation nicht erworben haben, vom Aufrücken in die höheren Stellen nicht ausgeschlossen.

Die Laufbahn für den Königlichen Forstschutzdienst ist in Preu= ßen militärisch organisirt, der Art, daß die Aspiranten nach zweijähri= ger Lehrzeit bei einem praktischen Forstbeamten bei einem Jägerbatail= lon eintreten und sich zu einer 12jährigen Dienstzeit verpflichten. Bei guter Führung werden sie nach einjähriger Dienstzeit zur Jägerprü= fung zugelassen, welche vor einer vom Minister ernannten, aus Forst= technikern bestehenden Kommission abzulegen ist. Nach beendigter drei= jähriger Dienstzeit werden die Jäger im Allgemeinen beurlaubt und in den Forsten als Hülfsjäger verwendet. Nach beendetem achten Dienstjahre ist die Försterprüfung abzulegen. Sie besteht in 6monat= licher Probedienstzeit als selbständiger Forstschutzbeamter und einem mündlichen und schriftlichen Examen. Mit 12jähriger Dienstzeit er= halten die Aspiranten dann den Abschied vom Jägercorps und den Forstversorgungsschein, worauf sie nach Maaßgabe der Ancien= netät in Försterstellen desjenigen Regierungsbezirkes einrücken, bei dessen Regierung sie ihre Notirung nachgesucht haben[1]).

Von erheblichem statistischem Interesse ist die Ermittelung desjeni= gen Theiles der Bevölkerung, welcher außer den Staatsforstbeamten in der Waldwirthschaft des Landes Erwerb und Existenz findet. Hierzu giebt das vom K. statistischen Bureau veröffentlichte, die Volkszählung de 1867 betreffende Material einen Anhalt. Dasselbe ist in Taf. XXI. zusammengestellt. Aus derselben geht hervor, daß jene Anzahl eine relativ sehr geringe ist; während der Wald fast ein Viertel der Ge= sammtfläche des Landes einnimmt, sind nur 0,55 % der Gesammt= bevölkerung Forstbeamte und Waldarbeiter (incl. Angehörige), während 48 % der Gesammtbevölkerung Besitzer von landwirthschaftlich benutzten Grundstücken, deren Beamte und Arbeiter mit ihren Angehörigen sind.

---

[1]) 1867 bestanden von 240 überwiesenen Jägern die Jägerprüfung 223, 1868 von 235 Ueberwiesenen 221. Bei 3646 etatsmäßigen Revierförster=, Förster= und Waldwärter=Stellen beträgt unter den oben gemachten Voraussetzungen die Zahl der jährlich zur Erledigung gelangenden Stellen etwa 145. Hiernach ist ein be= deutender Ueberschuß von Anwärtern vorhanden, welche jedoch vielfach im Ge= meinde= und Privatforstdienst Verwendung finden.

Es erhellt hieraus evident die geringe Arbeitsaufwendung, welche die Waldwirthschaft gestattet, wenngleich zuzugeben ist, daß der Sachverhalt nach dem heutigen Stande unseres statistischen Wissens immerhin nur unvollkommen dargestellt werden konnte.

Es fehlen in der Tafel XXI.:

1) die Waldbesitzer (Zahl, Kategorien nach Fläche),
2) die nicht ständigen Waldarbeiter, deren Haupterwerb auf anderen Wirthschaftsgebieten liegt und welche nur zeitweise im Walde arbeiten (ausgedrückt in Bruchtheilen von Personen pro Jahr).

Künftige Erhebungen werden diese Mängel zu beseitigen haben.

XVII. Forsthoheit über den Gemeinde- und Privatwald.

Gemeines Recht betreffs der Forsthoheit über den Gemeinde- und Privatwald besteht in Preußen nicht. Der langsame Krystallisationsprozeß, welchem die Monarchie ihre heutige Ausdehnung verdankt, hat Ungleichheit des Rechtes, ein Nebeneinanderbestehen der verschiedenartigsten Rechtssysteme zur Folge gehabt. Aber es ist doch vielfach dasjenige, was in dem einen Rechtsgebiete geschriebenes Recht war, zum Gewohnheitsrechte des anderen Gebietes geworden und so namentlich in Bezug auf die Forsthoheitsgesetzgebung[1].

Für den Geltungsbereich des Allgemeinen Landrechtes und Culturediktes besteht eine Forsthoheit über den Privatwald überhaupt nicht. Für Sachsen und Westfalen ist eine beschränkte Forsthoheit für den Gemeindewald ebenso, wie für die Rheinprovinz (Geltungsbereich des französischen Rechtes) aufrechterhalten durch das Gesetz vom 24. Dez. 1816 (Umwandelungen sind von der Regierungsgenehmigung abhängig, zu forstmäßiger Wirthschaftsführung durch qualifizirte Beamte sind die Eigenthümer verpflichtet, die Beamten werden von der Regierung geprüft und bestätigt, die allgemeine Oberaufsicht durch den Oberforstbeamten ausgeübt zc.) nebst den Ausführungsbestimmungen zn diesem Gesetze[2].

---

[1] Bergl. O. v. Hagen, die forstlichen Verhältnisse von Preußen, S 49 fgde. und Bernhardt, die Waldwirthschaft und der Waldschutz. Berlin 1869. Seite 152 fgde.

[2] Allerh. Kab.-Ordres vom 18. Aug 1835 und 28. Mai 1836 für Trier und Koblenz resp. für Arnsberg und Minden, und Verordnungen vom 31. Aug. 1839 und 19. Mai 1857. Sie ordnen hauptsächlich die Anstellung der Beamten und Bildung der Oberförstereien.

Tafel XXI. **Forstbeamte und**

Quelle: Preußische Statistik.

Provinz	Waldfläche	Forst- und Jagdbeamte aller Art (incl. Königliche und Corporations-Beamte)				Arbeiter bei der Forstwirthschaft			
		selbstthätig		Angehörige		selbstthätig		Angehörige	
	Hectar	männl.	weibl.	männl	weibl.	männl.	weibl.	männl.	weibl.
1	2	3		4		5		6	
Preußen..........	1,252,011	2,484	28	2,917	5,603	718	101	535	1,167
		2,512		8,520		819		1,702	
pro 1000		2	.	.	.	0,6	.	.	.
Posen...........	625,263	1,596	4	2,053	3,779	520	37	437	734
		1,600		5,832		557		1,171	
pro 1000		2,6	.	.	.	0,9	.	.	.
Brandenburg......	1,287,186	2,323	4	1,911	4,161	693	62	617	1,061
		2,327		6,072		755		1,678	
pro 1000		1,8	.	.	.	1,0	.	.	.
Pommern	595,904	1,438	.	1,610	3,071	482	42	400	766
				4,681		524		1,166	
pro 1000		2,4	.	.	.	1,6	.	.	.
Schlesien	1,192,367	3,344	4	2,997	6,714	3,851	479	3,540	6,589
		3,348		9,711		4,330		10,129	
pro 1000		2,8	.	.	.	3,6	.	.	.
Sachsen..........	504,292	1,381	4	1,043	2,622	2,600	114	2,175	4,419
		1,385		3,665		2,714		6,594	
pro 1000		2,7	.	.	.	2,3	.	.	.
Westphalen	562,269	1,040	4	1,060	1,881	467	23	658	1,017
		1,044		2,941		490		1,675	
pro 1000		1,8	.	.	.	0,9	.	.	.
Rheinprovinz......	831,930	1,547	.	1,632	3,138	951	47	699	1,166
				4,770		998		1,865	
pro 1000		1,8	.	.	.	1,2	.	.	.
Hohenzollern	38,290	111	2	90	207	17	.	16	35
		113		297				51	
pro 1000		3,0	.	.	.	0,4	.	.	.
Jahdegebiet.......	.	.	.	.	.	.	.	.	.
Schleswig-Holstein .	68,588	433	9	385	851	218	17	195	348
		442		1,236		235		543	
pro 1000		6,4	.	.	.	3,4	.	.	.
Hannover...	502,354	1,351	3	982	2,466	3,587	54	2,395	5,545
		1,354		3,448		3,641		7,940	
pro 1000		2,7	.	.	.	7,2	.	.	.
Hessen-Nassau	655,750	1,961	.	1,924	3,954	931	16	712	1,490
				5,878		947		2,202	
pro 1000		3,0	.	.	.	1,4	.	.	.
Lauenburg	21,151	61	2	67	138	19	.	8	24
		63		205				32	
pro 1000		3,0	.	.	.	0,9	.	.	.
Staat......,..... excl. Lauenburg	8,116,202	19,009	62	18,604	38,447	15,035	992	12,379	24,337
Es leben in Städten.........		1,878	3	1,475	3,459	1,606	69	1,190	2,558
„ „ auf dem platten Lande		17,131	59	17,129	34,988	13,429	923	11,189	21,779
		19,071		57,051		16,027		36,716	
pro 1000		2,3	.	7,0	.	2,0	.	4,5	.

Waldarbeiter in Preußen. 1867.

XVI. II. Th. Berlin. 1871.

Landwirthschaft, Viehzucht 2c. Besitzer und Beamte und Arbeiter				Staatsverwaltung (Polizei-, Finanz-, äußere und Bundes-Verwaltung)				Einwohnerzahl 1867
selbstthätig		Angehörige		selbstthätig		Angehörige		
männl.	weibl.	männl.	weibl.	männl.	weibl.	männl.	weibl.	
7		8		9		10		11
162,808	26,251	261,227	404,417	4,185	16	3,119	7,513	3,090,960
309,361	191,870	252,817	399,045					Sp. 3+5 0,1% „ 4+6 0,4%
79,869	13,513	137,304	207,118	1,618	13	1,476	3,254	1,537,338
144,689	90,037	118,909	195,889					Sp. 3+5 0,1% „ 4+6 0,5%
93,349	12,781	140,630	229 700	10,112	42	6,340	16,175	2,716,022
151,404	101,723	107,516	170,700					Sp. 3+5 0,1% „ 4+6 0,3%
56,445	11,340	91,861	140,788	1,789	13	1,511	3,544	1,445,635
128,462	76,569	119,620	181,581					Sp. 3+5 0,16% „ 4+6 0,4%
201,325	42,205	284,553	471,513	3,409	11	2,809	6,440	3,585,752
225,658	190,317	144,838	249,048					Sp. 3+5 0,2% „ 4+6 0,5%
75,954	11,547	96,464	166,010	2,775	20	2,086	5,176	2,067,066
123,860	86,664	88,761	146,943					Sp. 3+5 0,2% „ 4+6 0,5%
77,050	13,457	127,787	190,473	1,716	4	1,548	3,104	1,707,726
89,629	66,522	53,767	92,812					Sp. 3+5 0,1% „ 4+6 0,3%
172,237	33,057	223,156	365,315	3,512	7	3,168	6,439	3,455,358
133,815	83,497	91,794	153,939					Sp. 3+5 0,07% „ 4+6 0,3%
4,895	953	5,819	11,291	84	.	57	162	64,632
1,913	1,909	327	589					Sp. 3+5 0,3% „ 4+6 0,9%
5	1	.	.	41	.	.	.	1,748
13	.	.	7					
42,541	5,619	58,585	96,856	1,949	5	1,435	3,014	981,718
84,762	50,128	50,331	89,601					Sp. 3+5 0,07% „ 4+6 0,2%
114,490	16,692	150,213	250,456	4,308	4	3,546	7,788	1,937,637
163,813	121,775	80,134	137,359					Sp. 3+5 0,3% „ 4+6 0,6%
82 321	16,432	105,002	177,760	2,725	9	2,002	5,084	1,379,745
61,218	58,617	38,333	63,119					Sp. 3+5 0,2% „ 4+6 0,6%
2,360	242	3,698	5,691	55	1	49	106	49,978
4,892	2,679	3,014	5,506					Sp 3+5 0,16% „ 4+6 0,5%
1,163,289	203,848	1,682,601	2,711,698	38,223	144	29,097	67,693	23,969,589
1,618,597	1,119,628	1,147,147	1,880,632	38,367		96,790		Davon selbstthätige Forst-Beamte und Waldarbeiter 0,15%
11,527,440				0,16%		0,4%		deren Angehörige 0,4%
48% der Bevölkerung				der Bevölkerung				

Ergänzend zu diesem Gesetze bestimmt die Landgemeinde=Ordnung der Rheinprovinz, daß die Gemeinden in den Fällen, wo ein dringendes Bedürfniß der Landeskultur dies fordert, zur Aufforstung öder Gemeindeländereien unter gewissen Modalitäten angehalten werden können.

Spezialgesetze, welche die Interessentenforsten in den Kreisen Siegen, Olpe (Westfalen), Altenkirchen (Rheinprovinz) der Staatsoberaufsicht (bedingter Forsthoheit) unterwerfen, bestehen heute zu Recht, ebenso ein Wiederaufforstungsgesetz für den Kreis Wittgenstein[1].

Eine ziemlich unbeschränkte Forsthoheit übt der Staat über den Gemeindewald in den Regierungsbezirken Kassel, Wiesbaden und einem Theile von Hannover (vergl. die Flächenangaben des beförsterten Gemeindewaldes in Tafel XIX. Spalte 2); über den Privatwald eine beschränkte Forsthoheit im Reg.=Bez. Wiesbaden nassauischen Antheils (Rodungsverbot) und im Reg.=Bez. Kassel, eine ziemlich unbeschränkte in den ehemals hessen=darmstädtischen Gebietstheilen.

XVIII. Holzkonsumirende Gewerbe. Holzhandel.

Neben dem Schiffsbau, über dessen Holzverbrauch Angaben fehlen, stehen in erster Linie Bergbau, Hüttenbetrieb und Eisenbahnbetrieb. Auch für den Bergbau sind Holzverbrauchs=Berechnungen nicht anfzustellen.

Im Jahre 1867 waren überhaupt 3,927 Bergwerke mit 186,673 Arbeitern im Betriebe, deren Produkte fast 601 Millionen Centner wogen und über 62½ Millionen Thaler Werth hatten. 1575 Hütten waren in demselben Jahre im Betrieb und produzirten Werthe im Betrage von 115,678,648 Thlrn.

936,255 Meilen Eisenbahnen waren in den älteren Provinzen im Betriebe und es lagen 12,396,121 Stück Stoß=, Mittel= und Weichen= (auch Lang=) Schwellen, davon

imprägnirte eichene	2,263,046	Stück,
„ buchene	104,269	„
„ kieferne	4,053,796	„
nicht imprägnirte eichene	4,889,589	„
„ „ buchene	32,883	„
„ „ kieferne	1,051,666	„

[1] Für Siegen vom 6. Dez. 1834; für Olpe vom 24. Mai 1821; für die Aemter Friedeberg und Freusberg vom 21. Novbr. 1836; für Wittgenstein vom 1. Juni 1854.

Bei dem mittleren Kubikinhalte von 0,125 Festmeter pro Schwelle berechnet sich die verwendete Holzmasse zu 1,549,515 Fm.,
wozu für 287,42 Meilen Eisenbahnen in
den neuerworbenen Provinzen noch
hinzutreten rund . . . . 516,500 „
so daß die Summe beträgt . . . . . 2,066,015 Fm.
oder rund 2 Millionen Festmeter Holz.

Hiervon sind

$$\begin{aligned}
&\text{Eichenschwellen} && 0,58 &&= 1,160,000 \text{ Fm.,}\\
&\text{Buchenschwellen} && 0,01 &&= 20,000 \text{ „}\\
&\text{Kiefernschwellen} && 0,41 &&= 820,000 \text{ „}
\end{aligned}$$

Summa 2,000,000 Fm.

Nach den seitherigen Erfahrungen wird die mittlere Dauer der Schwellen nicht über 10 Jahre anzunehmen sein, und es beträgt daher der jährliche Ersatz etwa

116,000 Festmeter Eichenholz,

2,000 „ Buchenholz,

82,000 „ Kiefernholz,

zusammen 200,000 Festmeter.

Bei einer mittleren Holzproduktion von 3 Fm. pro Hektar Wald gehören zur Erzeugung dieser Holzmasse 66,667 Hektaren Wald. Da aber höchstens die Hälfte der Gesammt=Holzerzeugung zu Schwellen tauglich ist, so ist eine Produktionsfläche von mindestens 134,000 Hektaren anzunehmen. Bei einem mittleren Werthe von 10 Thlr. pro Festmeter Schwellenholz am Erzeugungsorte betheiligt sich am Gesammt=Betriebskapitale der Eisenbahn die Schwellenbeschaffung excl. Zubereitung und Transport mit 20,000,000 Thaler und der jährliche Verbrauch mit 2,000,000 Thlr. Pro Meile liegen ca. 10,000 Schwellen (bei meist zweigleisigen Bahnen, pro Geleise also 5000. Der Bedarf steigt progressiv und ist heute schon viel bedeutender, als vorstehende Zahlen besagen. —

Ueber das Verhältniß, in welchem der Wald gegenüber der Förderung fossiler Brennstoffe sich an der Wärmeerzeugung und Befriedigung des Feuerungsbedürfnisses betheiligt, giebt Tafel XXII. Auskunft.

Der Handel mit Holz und anderen Waldprodukten ist zunächst und ehe umfassende Erhebungen das Material gegeben haben, nicht statistisch darstellbar. Notizen aus einzelnen Hafenplätzen 2c. liegen vor; über die Gesammtbewegung des Verkehrs in dieser Richtung fehlen Angaben.

Tafel XXII. Förderung fossiler Brennstoffe in Preußen und Sachsen und Vergleichung des Wärmeeffektes derselben mit dem des Brennholzes. 1867.

Quellen: Jahrbuch für die amtliche Statistik des preuß. Staates. III. Jahrg. 1869. S. 1.
Danckelmann, Zeitschrift II. S. 366. nach Bienengräber, Statistik des Verkehrs und Verbrauchs im Zollverein.

Land	Steinkohlen-Förderung	Preis pro Centner loco Grube	Werth im Ganzen	Heizeffekt der Steinkohlen-Förderung $1 = 6{,}95$ Millionen Centner	Braunkohlen-Förderung	Preis pro Centner loco Grube	Werth im Ganzen	Heizeffekt der Braunkohlen-Förderung $1 = 1{,}98$	Heizeffekt der fossilen Brennstoffe Mill. Ctnr. $5 + 9$	Ueberschläglicher Gesammtholzeinschlag an Brennholz	Heizeffekt d. gesammten Brennholzes in Mill. Ctnr. $1 = 36{,}8$ wobei angenommen, d. 1/2 Hartholz, 1/2 Weichh. ist.	Um den Heizeffekt d. fossilen Brennstoffe zu ersetzen, bedürfte man eines Brennholzwaldes von	Preis pr. Ctr. Heizeff. von der Steinkohle	Preis pr. Ctr. Heizeff. von dem Holze
	Zoll-Centner	Thl.	Thlr.		Zoll-Centner	Thl.	Thlr.			Festmeter	Weich. ist.	Hektaren	Sg.	Sg.
1	2	3	4	5	6	7	8	9	10	11	12	13	14	
Preußen (1867)..	420,571,116	0,1	39,157,939	2979	110,277,562	0,05	5,234,247	218	3197	24,500,000	902	30,000,000	0,6	1,6
Sachsen (1864)..	42,182,202	0,1	4,023,375	·	·	·	·	·	·	·	·	(rund		
Summa	462,753,318										od. bei dem Gesammt-heizeffekt $= 100:22$	Gesammtfläche von Deutschl : 54,102,769	bei einem Werthe von 4 Sgr. pro Centner Kohle	bei einem Werthe von 2 Thlr pro Festmeter Brennholz.
Einfuhr (1864)	14,671,856							Gesammteinschlag pro H. Waldfl. (1867): 1,9 Fm. Brennholz (Derb-, Reis- und Stockholz)						
Ausfuhr......	48,775,529							also auf 8,137,353 Hekt. in Preußen 15,460,971						
Mehr-Ausfuhr	34,103,673							auf 472,419 H. in Sachsen 8,975,961						
Bleibt von obigem Förderungsquantum verwendbar ...	428,649,645													

Nach Bienengräber soll im Zollvereine stattgefunden haben
Einfuhr   Ausfuhr   Mehreinfuhr   Mehrausfuhr
von Brennholz (Festmeter) zu Wasser.

	Einfuhr	Ausfuhr	Mehreinfuhr	Mehrausfuhr
1842—46	222,775	171,840	50,935	—
1861—64	113,360	170,337	—	56,977

Es gestaltete sich ferner der Wassertransport von Bau= und Nutz=
holz wie in Tafel XXIII (s. umstehend) angegeben.

Im nordöstlichen Theile des Zollvereins[1]) ist die Ausfuhr lebhaft
und steigend; der Holzhandel vermittelt dort den Transport aus Ruß=
land, Nordostdeutschland und Polen nach England, Frankreich, Däne=
mark. Hauptstapelorte sind Danzig[2]), Memel. Stettin.

Im südwestlichen Theile hat der Holzhandel die Richtung aus
Oesterreich nach den Nordseehäfen; allein hier ist die Ausfuhr im
Sinken, die Einfuhr im Steigen. Die Erklärung dieser Erscheinung
liegt in der Verschiedenheit der Kulturstufe Nordwest= und Südwest=
Deutschlands, in dem Schwinden der werthvolleren Bestände in Oester=
reich (wenigstens in den dem Verkehre erschlossenen Theilen desselben)
und in dem Umstande, daß Nordostdeutschland an Länder von sehr ge=
ringer Kulturentwickelung grenzt.

XIX. Statistik der Dispositionsbeschränkungen des Waldeigenthums in Preußen.

Die mehr oder weniger reine Gestaltung des Waldeigenthums in
Preußen findet ihre rechtshistorische Begründung in Vorgängen, welche
einer längst vergangenen, kaum noch mit voller historischer Klarheit zu
erhellenden Epoche angehören.

Im Westen (zwischen Elbe und Rhein und in dem linksrheinischen
Gebiete) war es meist die gemeine Mark, aus welcher Privatwald und
Gemeindewald (vielfach auch der Staatswald) herausgewachsen sind,
selten sofort in das volle Eigenthum des erwerbenden Rechtssubjektes
übergeheud, sondern meist belastet mit zahlreichen Nutzungsrechten
Anderer.

Seltener tritt uns ein ähnliches Rechtsverhältniß im Osten ent=

---

[1]) Das ganze heutige deutsche Reich mit Ausschluß der Hansestädte, von
Mecklenburg und Schleswig=Holstein (1864)..

[1]) Werth der Ausfuhr an Bau= und Nutzholz in Danzig 1864—65 jährlich
über 4 Millionen Thaler.

Tafel XXIII. **Bewegungen des Holzhandels im Zollverein 1842/46 und 1861/64.**
Nach Bienengräber[1]).

Sortiment	1842 — 1846								1861 — 1864							
	Einfuhr		Ausfuhr		Mehreinfuhr		Mehrausfuhr		Einfuhr		Ausfuhr		Mehreinfuhr		Mehrausfuhr	
	Schiffslast	Stück	Schiffslast	Stück	Schiffslast	Stück	Schiffslast	Stück	Schiffslast	Stück	Schiffslast	Stück	Schiffslast	Stück	Schiffslast	Stück
I. In den östlichen Provinzen, Hannover und Oldenburg.																
Blöcke und Balken von hartem Holz	.	35,409	.	73,912	.	.	.	38,503	.	141,587	.	143,421	.	.	.	1,834
desgl. v. weichem Holz	.	854,419	.	293,324	.	561,095	.	.	.	1,657,243	.	1,659,036	.	.	.	1,793
Bohlen, Bretter, Latten	22,350	.	85,733	.	.	.	63,383	.	63,618	.	105,600	.	.	.	41,982	.
Summa	22,350	889,828	85,733	367,236	.	561,095 / 522,592	63,383	38,503	63,618	1,798,830	105,600	1,802,457	.	.	41,982	3,627
II. In den übrigen Theilen des Zollvereins.																
Eichen, Eschen, Ahorn ꝛc. Blöcke und Balken ...	398	.	22,823	26,410	.	.	22,425	26,410	402	.	8,880	.	.	.	8,478	3,627
Buchen, Nadelholz, Weichholz. Blöcke u. Balken	38,927	.	26,405	.	12,522	.	.	.	74,763	.	14,798	.	59,965	.	.	.
Sägewaaren v. Hartholz	1,238	.	478	.	760	.	.	.	3,510	.	30,717	.	.	.	27,207	.
desgl. v. Weichholz	14,036	.	9,356	101,934	4,680	.	.	101,934	17,267	.	16,927	.	.	340	.	.
Summa	55,599	.	59,062	128,344	17,962	.	22,425 / 4,463	128,344	95,942	.	71,322	.	60,305 / 24,620	.	35,685	.

1) Statistik des Verkehrs und Verbrauchs im Zollverein 1842—1864. Berlin 1868. Das Material abgedruckt bei Danckelmann, Zeitschrift II S. 362.

gegen, obwohl auch hier westdeutsches agrares Recht bisweilen (z. B. in Schlesien) Geltung erlangt hat[1]).

Hier ist es meist das Verhältniß des pflichtigen Kolonengutes zu dem allein im vollen Eigenthume stehenden Gute des Grundherrn, welches die gesammte agrare Entwickelung bestimmte und sich aus dem uralten Verhältnisse der erobernden Deutschen zu den unterjochten Slaven und Wenden herleitet.

Mit dem Vorschreiten der Kolonisation nach Osten im 12. und 13. Jahrhundert wurde der Begriff der gutsherrlichen oder Domanial= gewalt aus den ehemaligen Nord= und Ostmarken des Reiches in die neuen Marken an der Oder, Havel und Spree und weiter nach Osten und Norden fortgepflanzt.

Ueberall finden wir Belastungen und Nutzungen fest verbunden — erstere als Dienste, Leistungen und Lieferungen der Rustikalgrund= stücke, letztere als Antheile an den Acker= und besonders an den Wald= nutzungen. Am Schlusse des 18. Jahrhunderts gab es sehr wenige unbelastete, im reinen Eigenthum stehende Waldungen.

Der geniale staatsmännische Blick Friedrichs d. Gr. erkannte es, daß diese Gemeinsamkeit der Nutzungsrechte an fast allen Grundstücken das Gemeinwohl schädige und wendete seine gesetzgeberische Thätigkeit bereits diesem Felde zu, wie aus seinen Verordnungen von 1769 (für Preußen, die Marken, Pommern und Magdeburg), 1771 (für Schlesien) und später hervorgeht. Alle diese Verordnungen bezogen sich jedoch auf Theilung der Gemeindehutungen, Ausscheidung selbstän= diger Rittergüter aus den Dorffluren, nicht auf die Befreiung des Waldeigenthums.

Dieselbe gehört fast ausschließlich den letzten 30 Jahren an. Es war zwar der Erfolg der Gesetzgebung von 1809, 1811, 1821 und 1850 ein wahrhaft großartiger; bis 1865 waren bei den Gemeinheits= theilungen separirt resp. von allen Holz=, Streu= und Hutungs=Ser= vituten befreit

die Grundstücke von 1,600,510 Besitzern

mit 15,273,955 Hektaren.

Allein die Forsten nahmen vor 1850 nur geringeren Antheil an diesem Vorgange. Die Gesetzgebung war der Befreiung derselben nicht günstig und gestaltete sich erst im Jahre 1850 weniger ungünstig. Seit= dem ist denn auch die Befreiung des Waldeigenthums namentlich des

---

[1]) Vergl. hierüber u. A. Meitzen, der Boden und die landwirthsch. Verh. des Königreichs Preußen. 1868. S. 343 fgde.

Staates, von allen Lasten und Servituten energisch betrieben worden. Sie kann, was die Staatsforsten anbelangt, heute als fast beendet angesehen werden für alle diejenigen Theile der Monarchie, welche vor 1866 dem Staatsgebiete einverleibt waren.

Es sind 1860—1865:

2,497 einzelne Verfahren beendigt,

1857—1865 als Ablösung gegeben:

22,985 Hect. Forstland,

2,964,271 Thlr. Kapital.

Zur völligen Befreiung der Staatswaldungen waren 1866 noch in Aussicht zu nehmen:

7—8 Mill. Kapitalzahlungen,

12—15,000 Hektaren Landabtretung.

Für Hannover, Schleswig-Holstein, Hessen-Nassau ist für jetzt statistisches Material über den vorliegenden Gegenstand nicht zu beschaffen.

XX. Statistik der Waldbeschädigungen durch Naturereignisse und durch freilebende Thiere.

Erhebliche Waldbeschädigungen durch Naturereignisse haben in neuester Zeit besonders durch die Stürme von 1868, 1869 und 1871 und durch Insekten (große Kiefernraupe und Nonne) stattgefunden. Die durch erstere geworfenen Holzmassen sind in Tafel XXIV zusammengestellt. Ueber die Insektenbeschädigungen, welche besonders den Osten und Norden des Staates betroffen haben, fehlt ausreichendes Material. Ihre Darstellung wird später zweckmäßig kartographisch erfolgen.

XXI. Statistik der Jagd in Preußen.

Nach O. v. Hagen waren in den Staatsforsten Preußens (nach dem Umfange von 1865) vorhanden:

271 Stück Elchwild	mit einem Abschuß von	17 St. jährl.
7,494 „ Rothwild	„ „ „	„ 1,264 „ „
3,851 „ Damwild	„ „ „	„ 768 „ „
31,981 „ Rehwild	„ „ „	„ 4,303 „ „
1,773 „ Schwarzwild	„ „ „	„ 708 „ „
865 „ Auerwild	„ „ „	„ 54 „ „

Tafel XXIV.

Sturmschäden 1870 und 1871 in den preußischen Staatsforsten.

Quelle: Danckelmann, Zeitschrift III. S 418 ff.

Regierungs-Bezirk	Datum des Sturmes	Geworfene Holzmasse (Derbholz) Festmeter	Der Jahres-Etat beträgt Festmeter	Die geworfene Holzmasse beträgt vom Jahres-Etat	Sturm-Richtung	Bemerkungen.
Erfurt	7/12 11/12 29/12 1868	73,712	100,351	0,74	WSW.	Der orkanartige Sturm vom 7/12 hat hauptsächlich das Land um den 51sten Grad nördl. Br. betroffen, auf welchem die Mitte des bewegten Luftstromes sich fortbewegte. Den Charakter des Orkans nahm der Sturm erst an, als er den 27 Grad ö. L. überschritt. Seine Hauptzerstörungsphäre lag dann bis etwa bis z 41½ ö. L. In Rheinland und Westphalen sind .... 0,06 in Hannover .... 0,74 in Hessen-Nassau .... 0,37 in Brandenburg ..... 0,23 in Pommern (Stettin) 0,72 des Jahreseinschlages gebrochen. Die Katastrophe dauerte etwa 6 St. Der Sturm vom 17/12 1869 wehte zuerst aus Südwest, dann sprang er durch West nach Nordwest um. Beobachtungszeiten: Dillenburg in der Nacht vom 16/17. Dez Oberf. Neubruchhausen (Hannover, bei Bassum) u. 26½° ö. L. 53° n. Br. 5—10 U. Vorm.; Oberf. Sellhorn (Winsen a. d. Luhe) u 27¼° ö. L. 53½° n. Br. 6—9 U. Vorm.; Knesebeck u. Emmen (Lüneburg) von 7½ resp. 8 U. Morg. bis 3 resp. 12 U.; Falkenberg (Merseburg) bei 30½° ö. L. 51¼° n. Br. 10—3 U. am 17; Christianstadt (Frankfurt) b. 32½° ö. L. 52° n. Br. v. 10 U. bis Abds.; Braschen (gleiche Lage) v. 12—3 U.; Tschiefer (Liegnitz) 34° ö. L. 51° n. Br. v. 2 Uhr Nm. bis Abends.
Merseburg.	„	134,117	121,426	1,10	„	
Breslau ..	„	537,318	153,230	3,51	„	
Liegnitz ...	„	87,668	39,390	2,22	„	
Oppeln ...	„	264,145	166,020	1,89	„	
Kassel	17/12 1868	7,420	.	.	SW.	
Hannover .	„	315,700	.	.	W.	
Wiesbaden	„	171	.	.	NW.	
Magdeburg	„	92,763	.	.	„	
Merseburg.	„	16,390	.	.	„	
Potsdam..	„	45,769	.	.	„	
Frankfurt .	„	46,502	.	.	„	
Breslau ..	„	19,906	.	.	„	
Liegnitz ...	„	6,234	.	.	„	
Breslau ..	26/10 27/10 1870	43,896	26,979	1,63	WSW.	Revier Reinerz und Nesselgrund.
Liegnitz ...	„	7,651	9,024	0,85	„	Revier Grüssau.
Trier.....	„	3,886	31,318	0,12	„	Reviere Saarbrücken u. Tronecken.
Wiesbaden	„	4,190	12,076	0,35	„	Hauptsturm-Linie am 17/12 69: Lüneburg – Letzlingen – Spandau – (Berlin) Sorau – Breslau. Am 26. und 27. Oktober: Der 50ste Breitengrad.

An niederem Wilde betrug damals der jährliche Abschuß:

17,875 Hasen,
3,087 Rebhühner,
3,925 Schnepfen;
1,885 Enten,
3,508 Füchse.

Der Gesammtgeldertrag vom gesammten Forstareale der Staatsforsten betrug 1865   36,898 Thlr.
          die Gesammtausgabe   3,124   „
          der Ueberschuß . . . 33,774 Thlr.

Für die Gesammtwaldfläche von Preußen berechnet Herr von Hagen
(Forstliche Verh. von Preußen S. 2 im Anhange) die muthmaßlichen
Wildstände, wie folgt auf je (10,000 Morgen) 2,553 Hect. 9,3 St.
Rothwild, 4,6 St. Damwild, 39,8 St. Rehwild, 2,2 St. Schwarz-
wild, 1,07 St. Auerwild; 0,33 St. Elchwild. Hiernach und nach den
l. c. angegebenen Sätzen für den Abschuß ist Tafel XXV konstruirt.

Starke Rothwildstände in den Staatsforsten finden sich in den
Regierungsbezirken Königsberg (Oberförsterei Taberbrück, Warnicken),
Gumbinnen (Warnen), Stettin (Peetzig, Heinersdorf, Friedrichswalde,
Jädkemühl), Stralsund (Schönhagen, Darß, Werder), Breslau (Kath.
Hammer), Liegnitz (Tschiefer), Oppeln (Chrzelitz), Potsdam (Mühlen-
beck, Grimnitzer Heide, Zehdenick), Frankfurt (Börnichen, Hangelsberg,
Massin, Neumühl, Litzegöricke, Cladow, Wildenow, Carzig, Neuhaus,
Hochzeit, Regenthin), Magdeburg (Letzlinger Heide, Lödderitz, Thale),
Merseburg (Züllsdorf, Annaburg), Erfurt (in den Revieren des Kreises
Suhl), Arnsberg (Himmelpforten), Koblenz (Neupfalz, Entenpfuhl),
Trier (Morbach, Tronecken, Osburg) und hier und da in Hannover
und dem Regierungsbezirk Wiesbaden. Damwild fehlt in den Pro-
vinzen Preußen und Posen, sowie im ganzen Westen, ist häufig in
einigen pommerschen Revieren (Peetzig, Kehrberg), in der Oberförsterei
Tschiefer (Liegnitz), besonders aber in märkischen Revieren und in der
Letzlinger Heide (Magdeburg).

Elchwild ist nur in wenigen Revieren der Provinz Preußen
vorhanden, sonst überall der Kultur gewichen.

Das Schwarzwild findet in den Massenforsten vielfach sicheren
Stand, auch im Westen bei starkem Anbau der Fichte.

Die besten Auerwildstände finden sich in Preußen, Schlesien
(Görlitz), Thüringen (Schmiedefeld), dem Arnsbergischen, im Reg.-
Bezirk Wiesbaden (Kalteiche).

Tafel XXV.

Verhältnisse der Jagd in den Waldungen Preußens

(nach überschläglicher Berechnung).

1	Rothwild	Damwild	Rehwild	Schwarzwild	Elchwild	Auerwild	Hasen	Rebhühner	Fasanen	Birkwild	Haselwild	Schnepfen	Enten	Kaninchen	Füchse	Dächse
			S t ü d								S t ü d					
1	2	3	4	5	6	7	8	9	10	11	12	13	14	15	16	17
Auf 8,137,353 Hekt. Waldfläche sind vorhanden rund......	30,000	15,000	127,000	7,000	270 nur im Nord=osten	3,400	.	.	.	.	.	.	.	.	.	.
also pro 1000 Hekt.	0,6	0,35	2	0,34	.	0,03	.	.	.	.	.	.	.	.	.	.
Abgeschossen werden.	5,000	3,000	17,000	2,800	17	220	71,000	12,000	600	1,600	1,200	16,000	7,000	10,000	13,700	760

Reich an niederem Wilde sind besonders Schlesien und Sachsen.

Im Ganzen ist das hohe Wild in Preußen noch nicht überall bis zur Unschädlichkeit für Land= und Waldwirthschaft vermindert.

———

B. Baiern.

XXII. Waldflächen und Waldbesitz in Baiern.

Baiern gehört mit 34,4% Waldfläche zu den waldreichsten deutschen Territorien.

In gleichmäßiger Vertheilung bedeckt der Wald das Gebiet, nur hier und da zu großen Complexen zusammentretend. Eigentlich wald= arme Gegenden, wie es die nordwestlichen Theile von Preußen sind, kennt Baiern nicht.

Ein bedeutender Flächentheil der bairischen Waldungen ist un= produktiv, nämlich

von der Gesammtwaldfläche von   2,596,831 H.

126,843 „

oder   5%

von der Staatswaldfläche von   938,201 H.

94,636 „

oder fast   10%

(in Preußen 4,3% von der Staatswaldfläche).

Der bedeutende Staatswaldbesitz Baierns vertheilt sich ebenso, wie die Bewaldung, ziemlich gleichmäßig über das Staatsgebiet und ist nur da in hervorragend großen Massen vorhanden, wo ausgedehnte Flächen absoluten Waldbodens vorhanden sind (Alpen, bairischer Wald, Franken= wald, Haardtgebirge u. s. w.).

An dem Gemeinde=, Körperschafts= und Instituten = Waldbesitze nahmen 1861 Theil

4774 Gemeinden,

277 Körperschaften,

2361 Stiftungen,

zusammen 7412 (juristische) Personen.

Es beträgt die mittlere Fläche pro Person also 53 Hektaren. Es besitzen

2488 Gemeinden,

84 Körperschaften,   } unter 12,5 H. Wald.

2008 Stiftungen,

Tafel XXVI.

Waldbesitz in Baiern.

Quellen: Leo, Forststatistik. — Die Forstverwaltung Baierns. — Forststatistische Mittheilungen aus Baiern

Regierungs-Bezirk	Gesammt-fläche in Hektaren	Einwohner-zahl 1867	Waldfläche in Hektaren	Von der Waldfläche kommen auf		Waldfläche nach dem Besitze			In Prozenten der Gesammtwaldfläche		
				100 Hektare Gesammtfläche	den Kopf der Bevölkerung	Staats-wald	Gemeinde- und Stiftungs-wald	Privatwald	Staatswald	Gemeinde- und Stiftungswald	Privatwald
				Hekt.	Hekt.	Hektaren.					
1	2	3	4	5	6	7	8	9	10	11	12
Schwaben	949,226	585,160	225,478	24	0,38	69,044	52,811	103,623	31	23	46
Oberbaiern	1,704,517	827,669	635,709	37	0,77	286,134	32,404	317,171	45	5	50
Niederbaiern . . .	1,076,671	594,511	357,230	33	0,60	65,790	7,850	283,591	19	2	79
Oberpfalz	966,399	491,295	352,728	37	0,72	122,142	16,541	214,045	35	4	61
Oberfranken . . .	699,860	535,060	239,327	34	0,45	95,549	17,197	126,581	40	7	53
Mittelfranken . .	755,634	579,688	239,740	32	0,41	81,349	43,798	114,593	34	18	48
Unterfranken . . .	839,774	584,972	316,730	38	0,54	101,420	137,231	78,080	32	43	25
Pfalz	593,659	626,066	229,839	39	0,38	116,773	86,930	26,186	51	38	11
Staat . . .	1,785,740	4,824,421	2,596,831	34	0,54	938,201	394,762	1,263,870	36	15	49

$$\left.\begin{array}{r} 531 \text{ Gemeinden,} \\ 55 \text{ Körperschaften,} \\ 152 \text{ Stiftungen,} \end{array}\right\}\ \text{von } 12,5-25\ \text{H. Wald.}$$

$$\left.\begin{array}{r} 1260 \text{ Gemeinden,} \\ 114 \text{ Körperschaften,} \\ 161 \text{ Stiftungen,} \end{array}\right\}\ \text{von } 25-125\ \text{H. Wald.}$$

$$\left.\begin{array}{r} 495 \text{ Gemeinden,} \\ 24 \text{ Körperschaften,} \\ 40 \text{ Stiftungen} \end{array}\right\}\ \text{mehr als } 125\ \text{H. Wald.}$$

$$\text{davon}\ \left.\begin{array}{r} 8 \text{ Gemeinden,} \\ 2 \text{ Stiftungen} \end{array}\right\}\ \text{mehr als } 1530\ \text{H. Wald.}$$

Die Privatwaldungen nehmen in Baiern fast die Hälfte der Gesammtwaldfläche ein. 14% derselben gehören dem Großbesitze (über 125 H.), 86% dem Kleinbesitze. An ersterem nehmen die zahlreichen grundgesessenen Adelsgeschlechter fast ausschließlich Theil; nur untergeordnet ist der Waldbesitz einiger Großindustriellen (in der Pfalz).

Eine Nachweisung über die Vertheilung der Bewaldung in Baiern auf das Hochgebirge, Bergland, Hügelland und Flachland ist zur Zeit nicht aufzustellen.

1844/49 sind in Baiern 11,349 H. Staatswald verkauft worden und hat der Kaufpreis im Mittel 172,1 Rthlr. pro H. betragen. Es waren dies meist kleine entlegene Parzellen. Dagegen wurde 1832/44 die Staatswaldfläche um 12,265 H., 1844/59 um fernere 28,660 H., 1861/68 endlich trotz der Abtretung von 10,595 H. Staatswald an Preußen um weitere 24,266 H. durch Kauf und Tausch, im Ganzen also von 1832/68 um 53,842 H. vermehrt, das Landeskultur-Interesse durch Aufforstung zahlreicher veröderter Gründe wesentlich gefördert.

Die Gemeinde- und Privatwaldungen dagegen haben sich in dem gleichen Zeitraume etwas vermindert.

XXIII. Waldbestand. Erträge der Waldwirthschaft in Baiern.

Ueber die Holz- und Betriebsarten in den Forsten Baierns giebt Tafel XXVII Auskunft, spezieller für die Staatsforsten und die großen Waldgebiete, in welche man Baiern zweckmäßig theilt, Tafel XXVIII[1]).

---

[1]) Excl. der dem bairischen Staate gehörigen, jedoch auf böhmischem Grund und Boden gelegenen sogenannten Saalforsten.

Tafel XXVII.
Holz- und Betriebsarten in den Waldungen Baierns.

Nach: „Die Forstverwaltung Baierns 1861."

	Von der bestockten Fläche der Waldungen sind				Mittel- und Niederwald (Laubholz)	Plenterwald (Nadelholz)	Gesammt-Waldfläche
	Hochwald						
	Laubholz	Nadelholz	Gemischt Laub- u. Nadelhlz.	Summe			
	Hektaren						
Staatswald.....	139,687	469,417	131,754	740,858	38,387	24,420	803,665
%	17	59	16	92	5	3	100
Gemeinde-Körperschafts- und Stiftungswald.....	44,990	159,644	29,121	233,755	134,054	10,462	378,271
%	12	42	8	62	35	3	100
Privatwald.....	31,933	742,613	104,541	879,087	140,657	170,415	1,190,159
%	3	62	9	74	12	14	100
Summe	216,610	1,371,674	265,416	1,853,700	313,098	205,297	2,372,095
%	9	58	11	78	13	9	100

Weit überwiegend ist das Nadelholz. Nur 22% aller Holzbestände bestehen aus reinem Laubholz, noch 11% aus Laub- und Nadelholz in der Vermischung.

In den Staatsforsten hatten 1861 55% aller Hochwald-Bestände eine Umtriebszeit von über 108 Jahren (12j. Perioden), 34% eine solche von 84—96 Jahren, nur 11% eine Umtriebszeit von 60 bis 72 Jahren. Im Niederwalde überwog 1861 der 30—36jährige Umtrieb (67%), 10% hatten einen solchen von 6—12, 18% von 18 bis 24 Jahren.

1860 waren

25% der bestockten Fläche mit haubarem Holze,
21% „ „ „ „ angehend haubarem Holze,
23% „ „ „ „ Mittelholz,
31% „ „ „ „ Jungholz

bestanden, also die Altersklassen günstig vertheilt.

In den Gemeindewaldungen überwiegt der 60—96jährige Umtrieb im Hochwalde (70% aller Bestände), 23% gehören dem 97—120jährigen, der Rest einem noch höheren Umtriebe an. Im Mittel- und Niederwalde ist hier der 13—24jährige und 25—36jährige Umtrieb gleich stark vertreten (mit je 45%).

Tafel XXVIII.

Holz- und Betriebsarten in den bairischen Staatsforsten. 1861.

Nach: „Die Forstverwaltung Baierns.

Gebiet.	Von der bestockten Fläche der Staatswaldfläche sind				Mittel- und Nieder- wald (Laubholz)	Plenter- wald (Nadel- holz)	Ge- sammt- Wald- fläche
	Hochwald						
	Laubholz	Nadel- holz	Gemischt Laub- und Nadelholz	Summe			
	Hektaren						Hektaren
1	2	3	4	5	6	7	8
Alpen	1,657	61,152	26,717	89,526	1,034	23,774	114,334
%	1	54	23	78	1	21	100
Land zw. Donau u. Alpen	6,357	89,152	22,883	118,392	11,708	34	130,134
%	5	68	18	91	9	.	100
Bairischer Wald	3,135	48,516	22,042	73,693	181	496	74,370
%	4	65	30	99	.	1	100
Fränkischer Jura......	3,166	52,368	12,915	68,449	1,979	.	70,428
%	5	74	18	97	3	.	100
Fichtelgebirge.........	56	34,974	319	35,349	.	108	35,457
%	.	99	1	100	.	.	100
Oberpfälzer Hügelland .	773	49,599	1,407	51,779	12		51,791
%	1	96	3	100	.	.	100
Frankenwald	190	16,654	863	17,707	.	.	17,707
%	1	94	3	100	.	.	100
Rhöngebirge..........	16,218	4,396	3,758	24,372	3,797	.	28,169
%	58	16	13	87	13	.	100
Spessart	34,059	9,193	2,645	45,897	4,194	.	50,091
%	69	18	5	92	8	.	100
Fränkische Höhe u. Ebene	23,788	74,895	13,958	112,641	8,258	8	120,907
%	20	62	11	93	7	.	100
Hardtgebirge..........	40,826	20,410	14,768	76,004	856	.	76,860
%	53	26	20	99	1	.	100
Pfälzer Kohlengebirge..	6,993	4,548	4,472	16,033	3,120	.	19,153
%	36	24	23	83	17	.	100
Rheinebene	2,469	3,560	4,987	11,016	3,248	.	14,264
%	17	25	35	77	23	.	100
Staat ...	139,687	469,417	131,754	740,858	38,387	24,420	803,665
excl. der in Tafel XXVI mit enthaltenen Saal- forste..............	17	59	16	92	5	3	100

Auch in den Gemeindewaldungen ist das Altersklassen-Verhältniß günstig, dem der Staatswaldungen fast gleich.

In den Privatwaldungen endlich werden 83% aller Bestände in einem Umtriebe von 60—96 Jahren, die Mittel- und Niederwaldungen meist in 13—24 jährigen (41%) und 25—36 jährigen (45%) Umtriebe bewirthschaftet. Hier überwiegt das Jungholz (32%) und Mittelholz (28%) über die sauberen (19%) und angehend sauberen Bestände.

Der jährliche Holzertrag aller Waldungen Baierns excl. der Saalforste betrug 1860 rund

6,000,000 Festmeter Stammholz,
373,400 „ Starkholz, } 6,704,100 F.-M.
330,700 „ Reisholz,

oder pro Hektar der bestockten Fläche

2,5 F.-M Stammholz,
0,37 „ Stockholz,
0,73 „ Reisholz.

Im Durchschnitt der Jahre 1819/55 wurden ausgehalten im ganzen Staate

10% Nutzholz,
84% Brennholz.

Der Material- und Gelbertrag der bairischen Staatsforsten ergiebt sich aus Tafel XXIX, XXX und XXXI.

XXIV. Statistik der Forstfrevel in Baiern.

Ueber das Forstfrevelwesen in Baiern liegen ausführliche Nachrichten vor.

Es traten 1861/67 auf 1000 Hektaren der Gesammtwaldfläche Baierns 75 Forstfrevelfälle (gegen 111 Fälle pro 1849/53) jährlich; auf je 23 Seelen der Bevölkerung kam 1861/67 jährlich ein Fall; am meisten Forstfrevel kommen in der Pfalz, am wenigsten in Oberbaiern vor und es deutet dies auf die Vertheilung des Proletariats hin.

Die Verminderung der Forstfrevel ist nachgewiesen und es darf dieselbe neben der steigenden Wohlhabenheit den günstigen Einwirkungen der Forstgesetze vom 28. Mai 1852 (für das rechtsrheinische) und 23. Mai 1846 (für das linksrheinische Gebiet) zugeschrieben werden.

Tafel XXIX. **Material- und Geldertrag der bairischen Staatsforsten im Durchschnitt der Jahre 1866/67.**

Nach: „Forſtſtatiſtiſche Mittheilungen aus Baiern."

Geſammtwaldfläche excl. Saliuenforſten und Schleißheimer Forſten	Produktive Waldfläche	Durchſchnitts-Material-Ertrag pro Jahr				Nutzholzprozent	Geldeinnahme pro Jahr		
		Bau- und Nutzholz	Scheit- und Knüppelholz	Stockholz	Reisholz		aus Forſten	aus Jagden	von den Triften ꝛc.
Hett.	Hett.	Feſtmeter					Thaler		
1	2	3	4	5	6	7	8	10	11
802,955	756,947	826,660	1,711,557	158,826	173,197	25	6,206,938	33,340	443,872
		2,538,217						6,684,150	
				2,870,240	incl. Ausſtände und Nachläſſe .. pro Hektar der Fläche Sp. 1...			6,792,192 8,4	

Ausgabe.

Ausgaben für			Unter den Betriebskoſten ſind		Von der Einnahme wurden außerdem verwendet			Summe		Reinertrag	
Verwaltung	Betrieb	zuſammen	Kulturgelder	Wegebaugelder	zur Ablöſung von Forſtrechten	zu WaldAnkäufen	Summe	Einnahme	Ausgabe Sp. 13 + 18	im Ganzen	pro Hektar (Sp. 1)
Thaler			Thaler		Thaler			Thaler		Thaler	
11	12	13	14	15	16	17	18	19	20	21	22
1,239,504	1,400,444	2,639,948	166,476	159,868	193,644	112,656	306,300	6,792,192	2,946,248	3,845,944	nach Sp. 19 5,17
18 %	21 %	39 %	pro Hektar der Fläche in Sp. 1			Ausgabe Sp. 13... 2,639,948			43 %		
	der Solleinnahme		0,2	0,2		Ueberſchuß 4,152,244			der Einnahme		nach Sp. 21 4,8

Tafel XXX.

Ertrag der Nebennutzungen in den bairischen Staatsforsten pro 1825/31, 1837/43, 1849/55, 1861/67.

Nach: „Forststatistische Mittheilungen aus Baiern"

Finanz-Periode	Grasnutzung		Weidenutzung							Erden u. Steine		Torfnutzung		
	Geld-werth	Erlös	Zahl des Weideviehes					Ertrag		Geld-werth	Erlös	Kubik-meter	Ertrag	
			Hornvieh	Pferde	Ziegen	Schafe	Schweine	Geld-werth	Erlös				Geld-werth	Erlös
	Thaler		Stück					Thaler		Thaler			Thaler	
1	2		3					4		5		6	7	
1825/31	17,646	14,067	171,693	5,896	4,144	55,841	13,898	52,917	6,954	3,750	3,253	91,619	4,844	3,779
1837/43	34,717	27,421	164,538	6,631	3,819	80,178	19,577	57,821	6,602	7,906	6,936	156,399	28,285	18,472
1849/55	30,839	23,916	145,595	4,512	3,603	74,388	12,712	66,278	4,871	10,822	8,904	152,910	35,031	29,492
1861/67	54,117	46,645	126,183	3,288	3,711	73,071	14,296	73,851	4,826	23,247	19,988	235,111	66,126	54,398

Finanz-Periode	Streunutzung				Mast- und Holz-samen		Harznutzung		Uebrige Nutzungen		Summe	
	Entnommene		Ertrag		Geld-werth	Erlös	Geld-werth	Erlös	Geld-werth	Erlös	Geld-werth	Erlös
	Laub- und Moosstreu	Grasstreu	Geldwerth	Erlös								
	2spänn. Fuhren		Thaler		Thaler		Thaler		Thaler		Thaler	
	8		9		10		11		12		13	
1825/31	?	?	103,836	45,865	2,715	919	4,642	4,416	6,156	3,326	196,506	82,579
1837/43	211,459	32,446	140,778	53,721	2,596	649	4,864	3,282	8,205	3,741	285,172	120,824
1849/55	166,270	20,107	117,255	41,270	1,871	426	4,949	3,002	14,091	3,014	281,136	114,895
1861/67	122,650	19,666	212,823	68,861	2,179	501	3,369	2,562	12,364	9,761	448,076	207,542

Tafel XXXI.

Ertrag an Eichen- und Fichten-Rinde in den bairischen Waldungen pro Jahr (1860).

Nach: „Die Forstverwaltung Baierns."

Regierungsbezirk	Zur Eichenloh-rinden-Gewinnung werden benutzt	Jährlicher Ertrag		Export von Rinde	Mittlerer Wald-preis pro Centner excl. Schälkosten		Jährlicher Ertrag pro Hektar		Jährlicher Ertrag an Fichtenrinde	Mittlerer Waldpreis pro Ctr. excl. Schäler-lohn
		an Glanzrinde	an Altrinde		Glanz-rinde	Alt-rinde				
	Hett.	Centner (lufttrocken)		Centner	Thaler		Centner	Thaler	Centner (lufttrocken)	Thaler
1	2	3	4	5	6	7	8	9	10	11
Schwaben	59	?	7,625	.	1,43	0,85	.	.	30,240	1,47
Oberbaiern	54	.	20	.	.	0,85	.	.	50,520	0,38
Niederbaiern	282	190	4,800	.	0,75	0,38	.	.	27,700	0,30
Oberpfalz	.	.	.	.	.	.	.	.	6,400	0,57
Oberfranken	3,779	8,445	.	1,200	1,90	1,14	2,2	4,18	12,050	0,61
Mittelfranken	3,281	10,189	.	2,600	1,40	1,03	3,1	4,34	3,890	0,60
Unterfranken	29,548	75,782	.	25,117	0,99	0,73	2,56	2,53	.	.
Pfalz	28,587	70,120	.	17,249	1,23	0,82	2,4	2,95	.	.
Staat ...	65,590	164,726	12,445	46,166	1,29	.	.	.	130,800	0,44

XXV. Statistik der Dispositionsbeschränkungen des Waldeigenthums in Baiern.

Die Waldungen in Baiern unterliegen zahlreichen Forstrechten der Waldanwohner und sind noch heute als überlastet zu betrachten, trotz zahlreicher und ausgedehnter Ablösungen.

1861 waren belastet:

I. Von den Staatswaldungen 77% des produktiven Areals, rund 660,000 H. und zwar

    96,000 H. nur mit Holzrechten,

    7,000 „ nur mit Streurechten,

    67,000 „ nur mit Weiderechten,

    480,000 „ mit Holz= oder Streu= und Weiderechten.

1121 Gemeinden als solche nahmen Theil, 2418 Gemeinden durch mehrere ihnen angehörige Berechtigte, 161,565 Familien. Für über 45,000 Wohn= nnd Oekonomiegebäude mußte Bau= und Nutz= holz abgegeben werden; der Werth des gesammten Berechtigungsholzes incl. Brennholz betrug 557,438 Thaler, der der Berechtigungsstreu 75,029 Thlr.

138,698 Stück Rindvieh, 3304 Pferde, 73,785 Schafe, 24,641 Schweine, 3489 Ziegen wurden auf Grund von Berechtigungen in die Staatswaldungen eingetrieben.

II. Von den Gemeinde= und Körperschaftswaldungen 30% des pro= duktiven Areals, rund 390,000 H.

705 Gemeinden nahmen an diesen Forstrechten Theil (42,599 Familien). Für 14,387 Wohn= und Oekonomie=Gebäude war das Bau= und Nutzholz zu gewähren. Der Werth des Berechtigungsholzes betrug jährlich 114,393 Thlr, der Berechtigungsstreu 3886 Thlr. 17,486 St. Rindvieh, 325 Pferde, 51,096 Schafe, 4739 Schweine, 270 Ziegen wurden eingetrieben.

III. Von den Privatwaldungen 9% der produktiven Fläche, rund 112,000 H.

611 Gemeinden nehmen Theil (27,180 Familien). Für 2153 Ge= bäude und Brücken muß das Holz gegeben, 30,595 St. Rindvieh, 1297 Pferde, 34355 Schafe, 3777 Schweine und 1181 Ziegen müssen zur Weide und Mast zugelassen werden. Der Werth des Berechtigungsholzes beträgt 80,465 Thlr., der der abzugebenden Streu 15,520 Thlr.

Zur Ablösung der Forstrechte sind neuerer Zeit bedeutende An= strengungen gemacht worden.

Von 1853/54 bis 1866/67 sind in den Staatswaldungen
2425 Forstrechte auf Bauholz, 4810 auf Brennholz,
2425 Streurechte, 1780 Weiderechte abgelöst
und als Abfindung gegeben worden
2,380,641 Thlr.,
4,537 H. Waldland
neben Ueberlassung einer bedeutenden Bauholzmasse.

XXVI. Ersatzbrennstoffe.

1858—59 wurden
in 77 Bergwerken 4,048,811 Ctr. Steinkohle,
in 73 „ 1,608,936 „ Braunkohle
auf 62,471 H. Torfstichfläche 1,473,291 Kubikmeter Torf gefördert.
Die Gesammtbrennholzerzeugung mag betragen
2,330,000 Kubikmeter.
Der Heizeffect
der Steinkohlen beträgt im Ganzen etwa 28,140,000 Ctr.
„ Braunkohlen „ „ „ „ 3,000,000 „
des Holzes „ „ „ „ 81,600,000 „
Ueber den Heizeffect des Torfes fehlen Angaben.

XXVII. Waldproduktenhandel. Holzpreise.
(Tafel XXXII).

Tafel XXXII. **Bewegungen des Holzhandels in Baiern 1851/58 nach jährlichem Durchschnitt.**

Quelle: Forstverwaltung Baierns. S. 424 fgde.

	Brenn-holz	Bau- und Nutz-holz	Loh-rin-den	Holz-kohlen	Holz-asche	Schnitt-, Bött-cher- u. andere Holzwaaren	Bemerkungen
			Kubikmeter				
Einfuhr........	4,063	10,099	883	46,841	149	6,020	aus Oesterreich, der Schweiz und Frankreich
Ausfuhr	167,902	80,988	4,573	10,500	14	10,669	nach Oesterreich, der Schweiz und Frankreich
Einfuhr (mehr.. gegen	.	.	.	36,341	135	.	
Ausfuhr (weniger	163,839	70,889	3,690	.	.	4,649	

Seit unvordenklicher Zeit hat ein lebhafter Exportholzhandel aus Baiern auf den großen Wasserstraßen des Mains, Rheins und der Donau stattgefunden. Bis in die neueste Zeit giebt das waldreiche Land seine Material=Ueberschüsse au das Ausland ab. Der Activ= Holzhandel Baierns mag Holz im Werthe von mehr als 1,476,000 Thlrn. jährlich bewegen.

Die Holzpreise sind in den einzelnen Landestheilen überaus ver= schieden. Während im Hochgebirge der Kubikmeter Brennholz nur (16—18 Krzr.) 4½—5 Sgr. kostet, bezahlt man dieselbe Holzmasse in Unterfranken und der Pfalz mit (7—9 Fl.) 4—5 Thlr. Nadel= holzstämme von 6—9 Festmeter werden bei Bamberg mit 170 bis 290 Thlr. bezahlt, im Hochgebirge mit kaum 1 Thlr.

Von 1831 bis 1858 sind die Holzpreise gestiegen

beim Bau= und Nutzholz um 64%

beim Brennholze   „   58%

Im letzteren Jahre erzielte man im Durchschnitt des Staates folgende höchste u. niedrigste Preise

	höchste	niedrigste
pro Festmeter Eichen=Bau= u. Nutzholz	21 Thlr.	2,3 Thlr.
pro Festmeter Föhren= und Fichten= Bau= und Nutzholz	23 „	1 „
pro Raummeter Buchen=Scheitholz	5 „	0,5 „
pro Raummeter Föhren=Scheitholz	3,5 „	0,23 „

Am niedrigsten stehen die Holzpreise in Oberbaiern, am höchsten in Mittelfranken und der Pfalz.

XXVIII. Statistik der Jagd in Baiern.

Außerhalb der ziemlich zahlreichen Wildgärten kommt in Baiern Edelwild im Spessart, Rhön=, Fichtelgebirge, hier und da in Ober= und Mittelfranken und Schwaben in mäßiger Zahl vor; Damwild ist nur auf einer Insel im Chiemsee vertreten; Schwarzwild ist fast aus= gerottet; Rehwild ist häufig.

Gemswild kommt in den Hochalpen vor. Hier lebt auch um Berchtesgaden das Murmelthier. Gute Hasenjagden finden sich um München, in den fränkischen Gauen und der Pfalz. Vereinzelte Biber kommen in den Salzachauen vor. Der Dachs findet sich fast überall.

Gute Auerwildstände sind in Baiern nicht selten. Birkwild ist häufig. Haselwild findet sich im Allgäu, im bairischen Walde,

Fichtelgebirge und Spessart. Schneehühner trifft man in den Voralpen nicht selten, das Steinhuhn bei Tegernsee und Baierischzell.

Bär, Wolf und Luchs sind ausgerottet, Wildkatzen selten geworden.

Zur ziffermäßigen Darstellung der Wildstände fehlen die Angaben.

XXIX. Organisation der Staatsforstverwaltung in Baiern und Forsthoheit über den Gemeinde- und Privatwald.

Das seither in Kraft gewesene Revierförster-System hat man in neuerer Zeit in Baiern verlassen. Die Organisation der Staatsforstverwaltung ist in Tafel XXXIII. dargestellt. In Aschaffenburg besteht eine trefflich ausgestattete und stark besuchte Akademie der Forstwissenschaften, die k. Central-Forstlehranstalt, mit 2½ jährigem Kursus.

Die Staatsgewalt übt auf Grund des Forstgesetzes vom 28. März 1852 in den rechtsrheinischen Landestheilen eine unbeschränkte Forsthoheit über die Gemeinde- und Körperschaftswaldungen (Wirthschaftsführung und Beförsterung) eine beschränkte über die Privatforsten (Rodungsverbot; Verbot von Kohlhieben iu Schutzwaldungen; Verbot der Devastation [Abschwendung]; Wiederaufforstungszwang in Bezug auf die Waldblößen).

Im linksrheinischen Baiern gilt das revidirte Pfälzer Forstgesetz vom 23. Mai 1846. Eine Forsthoheit über Gemeinde- und Privatwald besteht hier nicht.

C. Das übrige Deutschland.

XXX. Würtemberg.

Von der Gesammtfläche des Landes sind 30,38% mit Wald bedeckt (595,102 H.). Nach dem Besitzstande vertheilt sich der Wald folgendermaßen (in Hektaren):

Staatswald	Hofkammerwald	Gemeindewald	Stiftungswald	landesherrl. ritterschaftl. Wald	Gemeinderechtswald[1]	Privatwald
187,635	5,594	173,591	16,603	77,185	16,663	117,831
31,53%	0,94%	29,17%	2,79%	12,97%	2,8%	19,8%

595,102 H. = 100%[2]

[1] Nicht der politischen Gemeinde, sondern einer bestimmten Zahl von bürgerlichen Gemeindegenossen gehörig, oft mit Lasten zu Gunsten der politischen Gemeinde belastet, im Ganzen bewirthschaftet.

[2] Vorstehende Angaben nach „das Königreich Würtemberg. 1863. S. 529." Sie stimmen nicht genau mit den oben Tafel XI gegebenen Flächen, welche

Tafel XXXIII. Organisation der bairischen Staatsforstverwaltung.

Quelle: Forststatistische Mittheilungen in Baiern.

Regierungsbezirk	Staats-, Gemeinde- und Instituten-waldfläche im Ganzen (Hektaren)	Der Bezirks-Ober-Forstbeamten — Amts-Benennung	Zahl	Mittlere Flächengröße des Directionsbezirks (Hektare)	Der Forst-inspectionsbeamten — Amts-Benennung	Zahl	Mittlere Flächengröße der Inspectionsbezirke (Hekt)	Der Revier-verwalter — Amts-Benennung	Zahl	Mittlere Flächengröße der Verwaltungsbezirke (Hekt)	Der Forstschutz-Beamten — Amts-Benennung	Zahl	Mittlere Flächengröße der Schutzbezirke (Hekt.)	Zahl der Forstschutzgehülfen
Schwaben	121,603	Regierungs- u. Forstrath, Referent für Forstsachen bei d.Finanz-kammer der Regierung. Ihm beige-geben als Hülfsarbeiter „Kreisforst-meister" mit d. Range der Regierungs-Assessoren (Zahl der-selben in Klammer)	1 (1)	121,603	Forst-meister, als Gehülfen Forstamts-Assistenten. Zahl der Letzteren in Klammer	8 (14)	15,200	Ober-förster, die Zahl der Verwalter von reinen Communal-Revieren in Klammer	53 (3)	2,171	Förster und Forst-gehülfen. Zahl der Letzteren in Klammer	74 (55)	943	33
Oberbaiern	317,883		1 (2)	183,466		10 (17)	18,347		58 (4)	3,008		63 (74)	1,340	45
Oberbaiern (für d Salinenbezirk)			1 (2)	134,417		6 (12)	22,403		30	4,481		33 (42)	1,792	29
Niederbaiern	73,488		1 (1)	73,488		6 (11)	12,248		34 (4)	1,934		43 (39)	896	23
Oberpfalz	138,398		1 (2)	138,398		9 (20)	15,378		70 (6)	1,821		88 (97)	748	49
Oberfranken	112,515		1 (2)	112,515		9 (19)	12,502		76 (1)	1,461		94 (87)	622	53
Mittelfranken	124,890		1 (2)	124,890		8 (17)	15,949		66 (9)	1,665		70 (70)	892	30
Unterfranken	238,161		1 (2)	238,161		9 (22)	26,462		64 (37)	2,358		78 (68)	1,631	58
Pfalz	203,284		1 (3)	203,284		9 (18)	22,587		65 (35)	2,033		81 (65)	1,392	81
Staat	1,330,223	Forsträthe Kreisforst-meister.. Assistenten	9 (17) (27)	147,802	Forstmeister Assistenten.	74 (150)	17,976	Oberfrstr. Gemeinde-Oberfrstr.	516 (98)	2,167	Förster... Forstgeh..	624 (597)	1,089	401
		Forsträthe mit 1200—1430 Thl. Gehalt incl. Pferdegeld-aversum.			Forstmeister mit 686—1029 Thl. Gehalt 69 Thl für Wohnung 34 „ oder 2 Hekt Dienstland 400—571 „ Dienstaufwand 37—56 KM. Hartscheitholz Forstamtsassistenten mit 286—343 M Gehalt 157 Thlr. Diätenaversum und Reisekostenentschädigung 29 Thl. Werth freier Wohnung			Oberförster mit 457 bis 629 Thl Gehalt 34 Thl. Wohnungswerth 34 „ Dienstlandswerth (2 Hekt.) 29—115 Thl. Dienstauf-wand 28—47 KM Hart-scheitholz			Förster m. 220—286 M Geh. 17 Thl. Wohnungswerth 34 „ Dienstlandswerth 9—19 KM. Hart-scheitholz Forstgehülfen mit 229 bis 246 Thl. Gehalt			Waldaufseher mit 60—140 Thl. Gehalt

9*

Sehr waldreich sind die Oberämter Neuenburg (72%) und Freuden=
stadt (67%), waldarm Besigheim und Cannstadt (17) und Ludwigs=
burg (5%). Von der Gesammtfläche der Staatswaldungen sind

Laubholzhoch=wald	Tannen und Fichten	Kiefern	Laub= u. Nadel=holz gemischt	Mittelwald	Niederwald
31%	36%	4,8%	24%	4%	0,2%
58,167	67,549	9,006	45,032	7,505	376

Hektaren

187,635 H. = 100%.

Von der Gesammtfläche aller übrigen Waldungen sind

Laubholz=hochwald	Tannen und Fichten	Kiefern	Laub= u. Nadel=holz gemischt	Mittelwald	Niederwald
12%	33%	6%	13%	23%	3%
48,896	134,464	24,448	93,717	93,718	12,224

Hektaren

407,467 H. = 100%.

Die jährliche Holzabnutzung in den Staatsforsten betrug im
Durchschnitt der Jahre 1851—60 in Kubikmetern

Nutzholz	Rinde	Brennholz	Zusammen an Nutzholz, Rinde, Brennholz	Stockholz
266,205	12,658	807,897	1,086,760	100,828
24,4%				

pro Hektar der Gesammtfläche 5,8 Kubikmeter.

Hierbei ist das Reisholz unberücksichtigt geblieben.

Die Holzpreise sind seit 1850 auf das Doppelte gestiegen.

Sie betrugen 1859 nach dem Durchschnitte des Landes

pro Kubikmeter Eichen Nutzholz   ca. 7—7¹/₂ Thlr.

"   "   Nadelholz   "   "   4¹/₂   "

"   Raummeter Buchen Derbbrennholz   2¹/₄   "

"   "   Nadelholz   "   1¹/₄   "

Die Steinkohle[1]) beginnt auch in Würtemberg mehr und mehr

194,500 H. Staats= und Hoff. Wald (gegen vorstehende 193,229 H.), 187,891 H.
Gemeinde= und Gemeinderechtswaldungen (gegen 190,254 H.), 16,778 H. Stiftungs=
wald (gegen 16,603 H.), 195,932 H. Privatwald incl. des standesherrlichen und
ritterschaftlichen Waldbesitzes (gegen 195,016 H.) ergeben.

¹) Würtemberg produzirt bis jetzt weder Stein= noch Braunkohle, dagegen
bedeutende Massen Torf (besonders im Donaukreise). Der jährliche Ertrag wird
auf 2½ Mill. Centner geschätzt, in der Statistik Würtembergs, welche 1863 vom
stat. topogr. Bureau herausgegeben worden ist, S. 542 auf 316,420,000 Stück
angegeben, welche in ihrem Heizeffekt etwa 300,000 Raummeter Nadelholz=Brenn=
holz gleichstehen.

vorzudringen und dem Brennholzmarkte steht eine Umgestaltung bevor. Bedeutende Holzmassen werden jetzt noch verkohlt (für die fiskalischen Hüttenwerke 1856—60 durchschnittlich jährlich über 150,000 Raum= meter). 20,211 Ctr. Rinde wurden 1863 auf dem Rindenmarkte zu Heilbronn für 36,612 Thlr. verkauft bei einem Preise von 2 Thlrn. pro Ctr. Glanzrinde.

Pro 1857—59 sind jährlich 37,959 Forstfrevelfälle zur Be= strafung gekommen, pro 1848—50 jährlich 74,590. Erstere Zahl beträgt pro 1000 Hektar Waldfläche 63, auf je 47 Seelen der Be= völkerung einen Fall.

Die Befreiung des Waldeigenthums von Holz= und Weide= berechtigungen ist sehr weit vorgeschritten, weniger die der Wald= streurechte. Wein= und Hopfenbau drängen auch hier zum Mißbrauch des Waldes.

Das einst durch Wildreichthum berühmte Würtemberg hat heute nur mäßige Wildstände. Rothwild kommt nur noch in einigen großen Laubwaldkomplexen vor, Rehwild in mäßiger Zahl im ganzen Lande. Im Schwarzwald findet sich Auerwild und Haselwild. Das Schwarz= wild ist ausgerottet. Hier und da zeigt sich ein Wolf, der aus den Vogesen herübergewechselt ist.

Die Jagdliebe der Landesbewohner erhellt aus der bedeutenden Zahl der Jagdscheine (1862 = 3868).

Würtemberg hat eine Revierförster=Organisation. Unter der Oberfinanzkammer stehen als Oberforstbeamte 4 Kreisforsträthe; 26 Forstämter (Forstmeister und Oberförster) leiten den Betrieb. Aus= führende Beamte sind die Revierverwalter (Oberförster u. Revierförster).

In Würtemberg besteht auf Grund der Forstordnung von 1614 eine absolute, praktisch jedoch gemilderte Forsthoheit über alle Waldungen.

Eine mit der landwirthschaftlichen Akademie zu Hohenheim ver= bundene Forstakademie von bewährtem Rufe dient den Forstlehrzwecken.

XXXI. Baden.

Von der Gesammtwaldfläche des Landes gehören Hektaren

dem Staate	den Gemeinden	den Stiftungen	den Privaten
91,319	245,921	12,027	161,657
18%	48%	2%	32%

510,924 H. = 100%.

Von den Privatwaldungen sind 43% = 69,513 H. im festen Besitze der Standes= und Grundherren (besonders das fürstliche Haus

Fürstenberg hat sehr bedeutenden Waldbesitz) der Gernsbacher Murg=
schifferschaft, ausländischer Regierungen u. s. w. Weitere 60,000 H.
sind im Besitze vermögender Privaten, Hofbauern u. s. w. und ziemlich
gut bewirthschaftet. Der Rest ist parzellirt, wechselt oft den Besitzer
und wird vielfach devastirt.

Im Jahre 1856[1]) wird der Materialertrag der Staatswaldungen
auf 8 Raummeter oder 5,6 Festmeter pro H. angegeben. Hiervon
waren 20% Nutzholz, 58% Derbbrennholz, 22% Reisholz.

Die ertragsfähige Staats=Waldfläche betrug damals 85,108 H.,
die Gesammtstaatswaldfläche 92,635 H.

Ueber die Vertheilung der Waldflächen nach Holz= und Betriebs=
arten fehlen leider alle genauen Angaben.

Der Domainenforstetat weist 1850—56 folgende Titelsummen
nach (durchschnittlich jährlich):

I. Einnahme.

Für verkauftes Holz	Werth des Berechti=gungs=holzes	Werth der Holzabgaben aus Begünsti=gung	Für Neben=nutzungen	Aus der Jagd	Insgemein (und extraor=dinär)
Thaler.					
714,925	6,342	1,668	33,808	1,982	25,170

783,895, pro H. Gesammtfläche 8,46 Thlr.

„ „ ertragsf. Fläche 9,1 „

II. Ausgabe.

Centralver=waltung	Steuern u. Lasten	Besoldungen, Dienstunkosten, Baukosten	Forstschutz u. Kassenwesen	Vermessungen, Einrichtungen, Kulturen, Jagd	Insgemein (extraor=dinär)
Thaler.					
21,463	37,958	98,864	52,162	174,932	9,581

394,960, pro H. Gesammtfläche 4,26 Thlr.

„ „ ertragsf. Fläche 4,7 „

Ueberschuß (Reinertrag) 389,035 pro H. Gesammtfläche 4,2 Thlr.

Die Kulturgelderaufwendung betrug pro 1850—56 durch=
schnittlich jährlich 47,769 Thlr., pro Hektar der ertragsfähigen Fläche
also 0,56 Thlr. Hierunter sind die Wegebaukosten für Holzabfuhrwege
und die Kosten für die Flößanstalten inbegriffen.

---

[1]) Die in der Schrift „die Forstverwaltung Badens. 1857." niedergelegten
statistischen Nachrichten sind fast veraltet. An neuerem Materiale fehlt es.

Die Befreiung der Staatswaldungen von Servituten ist in Baden als durchgeführt zu betrachten. Es bestehen nur noch wenige Berechtigungen von untergeordneter Bedeutung.

1856 besaßen 410 Gemeinden und Körperschaften Waldungen bis zu 19 H. (50 bad. Morgen) Fläche, 178 bis zu 38 (100) 636 bis zu 190 (500), 268 bis zu 380 (1000), 122 bis zu 760 (2000) 41 mehr als 760 H. (2000 bad. Morgen). Es gab damals also 1655 waldbesitzende Corporationen.

Der Gemeinde- und Körperschafts-Waldbesitz unterliegt einer fast unbeschränkten Forsthoheit des Staates (Gemeinde-Ordnung vom 31. Dezbr. 1831; Forstgesetz vom 15. Novbr. 1833; Verordnungen des Ministers des Innern v. 1. Febr. 1836, 2. April 1850, 20. März 1855. Bewirthschaftung der Gemeinde- und Körperschaftswaldungen durch die Forstbehörden und Ausübung der Forstpolizei). Der durchschnittliche Materialertrag dieser Waldungen wird zu 5,5 Festmeter jährlich angegeben und giebt Zeugniß von dem guten Zustande derselben. Die bedeutenden Privatwaldungen Badens unterliegen, sofern sie 8,5 H. Fläche erreichen, auf Grund des Forstgesetzes von 1833 einer beschränkten Forsthoheit (Rodungen ohne Erlaubniß verboten, Wiederanbau der Blößen erzwingbar, Inforestation zulässig).

Der Holzhandel Badens ist bedeutend und wird besonders durch den Rheinstrom vermittelt. Ausgedehnte Flößanstalten (Murgthal) und ein weit vorgeschrittener Sägemühlenbetrieb (Murgthal, Kinzigthal, Pforzheim) vermitteln den Export des Gebirgsholzes.

Die Holzpreise betrugen 1856
pro Festmeter Eichen-Nutzholz   3 bis 30 Thlr. [1]
„   „   Nadelholz-Nutzholz 1,7 „ 8,5 „
„   Raummeter Buchen-Scheitholz 1 „ 3 „
„   „   Nadelholz   „ 0,5 „ 1,7 „

Die Forstverwaltung Badens ist nach dem Oberförstersysteme geordnet. Betrieb, Verwaltung, Forstpolizei liegt in der Hand von 110 Bezirksförstern (2 für die Chatoullewaldungen, 92 für die Staatsforsten, 14 für Gemeinde- und 2 für Köperschaftsforsten). Die Controle üben 8 Forstinspektoren; die Central-Leitung geht von der unter den Ministerien der Finanzen (betreffs der Vermögensverwaltung) und des Innern (betreffs der Forsthoheit und Polizei, sowie des Forst-

---

[1] Die niedrigsten Preise im Innern des Schwarzwaldes südlich des Kinzigthales und in der Donaugegend, auch am Bodensee, die höchsten im Rheinthal von Basel abwärts und zwischen Main und Neckar.

unterrichtswesens) stehenden Direction der Forste, Berg- und Hüttenwerke aus, deren Forsträthe die Oberforstbeamten-Funktion ausüben.

Eine Forstschule besteht in Karlsruhe mit der dortigen polytechni-
schen Schule verbunden. Der Kursus ist incl. des mathematisch-natur-
wissenschaftlichen Vorbereitungskursus dreijährig. Absolvirung einer
höheren Schule ist Vorbedingung.

XXXII. Königreich Sachsen.

Mit einer Bewaldung von 31,6 % der Gesammtfläche gehört
Sachsen zu den waldreichsten deutschen Gebieten.

Von 472,419 Hect. Wald gehören

dem Staate	den Gemeinden	den Stiftungen	den Privaten
160,655	20,882	10,833	280,049
(im Jahre 1868)		(im Jahre 1862).	

1863[1]) vertheilte sich die Fläche des Staatswaldes auf die Holz-
und Betriebsarten, wie folgt (in Hektaren):

Eichen	Buchen	Weichholz	Nadelholz	Mittelwald	Niederwald	Blößen und Schläge
H	o	ch	wald			
643	4,787	1,187	137,145	1,705	243	4,540

150,250 H Holzboden,
5,863 „ Nichtholzboden,
156,113 H. (1854 = 152,426 Hect.).

Hiernach hat sich die Staatswaldfläche bis 1868 um 4,542 Hect.
vermehrt (?)[1]).

Es betrug der Naturalertrag der sächsischen Staatsforsten

im Jahre	von Hect. Holzboden	in Festmetern					Nutzholz Proc. vom Derbholze
		Nutzholz	Brennholz	H. Derb-holz	Reisholz	Summe	
1854	147,307	217,261	312,580	529,841	97,071	626,912	41
1863	150,250	355,469	257,908	613,377	97,276[2])	710,653	58

Die Gesammtholznutzung excl. Stockholz betrug also pro Hektar
Holzboden   1854   4,2 Festmeter,
    1863   4,7   „

Die Gesammtbrutto-Einnahme aus den Staatsforsten betrug
1854   1,564,066 Thlr. pro H. Gesammtfläche 10,2 Thlr.
1863   2,337,105   „   „   „   „   14,9   „

----

[1]) Nach „die K. Sächs. Staatsforstverwaltung und ihre Ergebnisse. 1865.“
hat sich die Staatswaldfläche 1833/62 um 8167 Hekt. vergrößert.

[2]) Hierbei ist 1 Schock Reisig gleich gerechnet einer Raumklafter Reisig
= 2,77 Raummeter, = 0,554 Festmeter.

die Gesammtausgabe[1])

1854   582,059 Thlr. pro Hekt. Gesammtfläche 3,8 Thlr.
1863   626,400   „   „   „   „   4,0   „

darunter für Kulturen

1854   93,241 Thlr. pro Hekt. Holzboden 0,63 Thlr.
1863   99,321   „   „   „   „   0,66   „

der Reinertrag

1854   982,007 Thlr. pro Hekt. Gesammtfläche 6,4 Thlr.
1863 1,710,705   „   „   „   „   10,96   „

Ueber Holzpreise und Holzhandel liegen mir genaue Nach=
richten nicht vor.

Die Belastung der sächsischen Staatswaldungen mit Servituten
und Reallasten war früher eine sehr bedeutende; seit dem Erlaß des
Servitut=Ablösungs= und Gemeinheitstheilungsgesetzes vom 17. März
1832 ist die Befreiung des Staatswaldbesitzes von diesen Lasten eifrig be=
trieben und durch Zahlung einer Abfindungssumme von 1,764,206 Thlr.,
sowie Abtretung von 192 H. Waldland fast vollständig bewirkt worden.

Die Verfolgung der Forst= und Jagd=Vergehen und Ueber=
tretungen erfolgt auf Grund des Gesetzes vom 11. August 1855.
Die Anzahl der zur Verhandlung kommenden Fälle betrug durch=
schnittlich pro Jahr

1846/55   15,051,
1856/63   10,980,
1863   8,102.

Die sächsische Staatsforstverwaltung[2]) ist nach dem Revier=
förstersysteme organisirt. Die obere Leitung steht dem Finanzministerium
zu, Betriebsleitung und der merkantilische Theil der Verwaltungs=
geschäfte den mit dem Titel Oberforstmeister ausgestatteten Forst=
inspektionsbeamten, die Ausführung der Revierverwaltungsgeschäfte
den Revierförstern, welche bisweilen den Titel Oberförster und, wenn
sie zur Vertretung des Oberforstmeisters in Behinderungsfällen de=
signirt sind, den Titel Forstinspektor führen. Die Bearbeitung der
Forstvermessungs= und Betriebsregelungssachen liegt der Forstver=
messungsanstalt in Dresden (ein Direktor und 7 Forstconducteure) ob;
die Forstrentbeamten bilden mit den Oberforstmeistern betreffs der

---

[1]) Darunter 1863 = 207,556 Thlr. Administrationsaufwand, pro Hekt. Ge=
sammtfläche 1,3 Thlr.

[2]) Verordnung vom 27. November 1851.

Verwerthung der Waldprodukte und der Rechnungslegung die Forst=
verwaltungsämter.

Die Oberforstmeister beziehen Gehälter von 1400—1600 Thaler,
Miethsentschädigungen von 150—200 Thlr., Bureau= und Pferde=
gelder von 642—812 Thlr. Die Revierförster haben 450—700 Thlr.
Gehalt (die Tit. Oberförster 555 - 700) und bis zu 389 Thlr. Mieths=,
Bureau= und Pferdegelder, die Tit. Forstinspectoren außerdem Zu=
lagen von 50—150 Thlrn.

Die Forstschutzbeamten haben zu $^2/_3$ ein Einkommen von 416, zu
$^1/_3$ von 298 Thlr. incl. Miethsentschädigung und Holzgeld.

Die höheren sächsischen Staatsforstbeamten gehören somit zu den
Bestbesoldeten in Deutschland.

Eine Forstakademie in Tharand, früher mit der neuerdings
nach Leipzig verlegten landwirthschaftlichen Akademie verbunden, jetzt
alleinstehend, bietet Gelegenheit zur Erwerbung der für alle Aspiranten
des höheren Staatsforstdienstes vorgeschriebenen akademischen Bildung
(Vorbedingung das Abiturientenexamen auf einem Gymnasium oder
einer Realschule erster Classe und 1jährige praktische Forstlehre). Die
Akademie erfreut sich eines hohen Rufes.

Die Wildstände in den Staatsforstrevieren (über die sonstigen
Jagdverhältnisse des Landes fehlen die Angaben) scheinen theilweis
stark zu sein. 1860/62 wurden auf ca. 156,000 Hekt. Staatswald
durchschnittlich jährlich

231 Stück Rothwild,
860   „   Rehwild,
3,422   „   Hasen,
222   „   Kaninchen

erlegt, pro 1000 Hektare also 1,4 St. Rothwild, 5,5 St. Rehwild,
23 Hasen und Kaninchen.

In Sachsen besteht eine beschränkte Forsthoheit über die
Gemeinde= und Körperschaftswaldungen (Oberaufsicht und Zwang, die
Betriebspläne innezuhalten, Revisionen durch die ad hoc den Kreis=
directionen zugeordneten 4 Oberforstmeister zu Dresden, Leipzig,
Zwickau und Bautzen); die Privatwaldungen unterliegen der Forst=
hoheit nicht.

XXXIII. Die thüringischen Staaten und Anhalt.

Die oben dargestellten Waldflächen der sächsisch=thüringischen
Kleinstaaten in Bezug auf ihre Vertheilung nach Holz= und Betriebs=

arten sind in Tafel XXXIV nachgewiesen. Die bezüglichen Angaben sind in Ermangelung neueren Materiales der Maron'schen Statistik[1]) entlehnt.

Auch betreffs der Material= und Gelderträge aus den bezüglichen Staatsforsten war ein weiteres, als das von Maron gegebene Material[2]) nicht zu beschaffen (Tafel XXXV).

Die Angaben beider Tafeln erwecken geringes Zutrauen in ihre Richtigkeit. Die Flächen weichen oft in auffallender Weise von den neuerdings von Leo[3]) nach amtlichen Angaben gegebenen ab und es sind daher die letzteren in Klammer beigesetzt. Die angegebenen Rein= ertragsziffern sind bei Coburg=Gotha und Schwarzburg=Sondershausen auffallend hoch und lassen an der Nachhaltigkeit der dortigen Staats= waldwirthschaft zweifeln. Holzboden und Nichtholzboden, Einnahme aus Holz und Nebennutzungen sind nicht getrennt. Das ganze sta= tistische Material kann nur äußerst dürftig genannt werden.

Ueber das Forststrafwesen und die Belastung des Wald= besitzes mit Servituten fehlen alle Angaben. Die Forsthoheit über Gemeinde= und Privatwald ist in den Staaten der sächsisch=thüringischen Gruppe sehr verschieden gesetzlich geregelt.

Keine Forsthoheit besteht in Anhalt (faktischer Zustand) und den beiden Fürstenthümern Reuß.

Vollständig frei ist außerdem die Privatwaldwirthschaft im Herzogthum Sachsen=Altenburg. Rodungsverbote und Zwang der Wiederaufforstung bestehen für die Privatforsten in Sachsen=Weimar, den beiden Fürstenthümern Schwarzburg[4]), Sachsen=Coburg=Gotha (hier eine fast absolute Forsthoheit über den Privatwald) und Sachsen=Meiningen.[5])

Die Gemeinde= und Instituts=Forsten unterliegen einer Beförsterung in beiden Schwarzburg, Coburg=Gotha und Meiningen; einer allgemeinen Oberaufsicht in Weimar und Altenburg.

Die Organisation der Staatsforstverwaltungen in der sächsisch= thüringischen Staatengruppe ist nach dem Revierförstersysteme ge= ordnet in

Weimar (Taxationskommission als Oberbehörde, Forstinspektoren als
    Betriebsführer, Revierverwalter als Ausführungsorgane).

---

1) Tafel S. 212.
2) Tafel S. 352.
3) Forststatistik S. 18.
4) Für Rudolstadt auf Grund des Gesetzes vom 18. März 1840, für Son= dershausen durch die Verordnung vom 3. Juni 1858.
5) Forstordnung vom 29. Mai 1856.

Tafel XXXIV.

Vertheilung der Holz- und Betriebsarten in den Forsten der sächsisch-thüringischen Kleinstaaten (1860/61).

Staat	Hochwald				Mittel- und Nieder- wald	Pflanz- und Hutwald	Zu- sammen	Bemerkungen.
	Laubholz	Nadelholz	Laub- und Nadelholz gemischt	Summe				
			Hektaren					
1	2				3	4	5	6
Sachsen-Weimar	16,822	17,985	.	34,807	7,193	.	42,000 (43,557)	Staatswaldungen.
Sachsen-Altenburg	558	30,053	.	30,611	9,928	.	40,539 (39,815)	Sämmtliche Forsten.
Sachsen-Meiningen	7,387	51,049	15,503	73,939	18,549	.	92,488 (93,426)	desgl.
Sachsen-Coburg-Gotha ...	4,697	40,508	.	45,205	11,790	.	56,995 (59,330)	Staats- und Privat-Forsten.
Schwarzburg-Rudolstadt...	550	25,792	161	26,503	6,341	.	32,844 (19,141)	Staatswaldungen
Schwarzburg-Sondershausen	8,791	12,402	181	21,374	3,764	37	25,175 (25,223)	Sämmtliche Forsten.
Reuß ä. L.	.	.	.	.	.	.	11,462	Fehlen die Angaben.
Reuß j. L.	1,863	32,254	.	34,117	.	.	34,117 (34,269)	Sämmtliche Waldungen nach: Brück- ner, Landes- und Volkskunde des Fürstenthums Reuß j. L. 1870.
Anhalt.................	2,137	32,479	1,654	36,270	15,386	2,341	53,997 (55,851)	Sämmtliche Waldungen.

Tafel XXXV. Natural- und Geldertrag der Staatsforsten in den sächsisch-thüringischen Kleinstaaten.

Nach der Fraktion 1850/55.

Staat	Gesammt-fläche	Materialertrag pro Hektar Gesammtfläche			Brutto-Einnahme incl. Neben-nutzungen	Gesammte Ausgabe	Reinertrag im Ganzen jährlich	Reinertrag pro Hektar der Gesammt-fläche
		Derbholz	Stock- und Reisholz	im Ganzen				
	Hekt.	Festmeter			Thaler	Thaler	Thaler	Thaler
1	2	3			4	5	6	7
Sachsen-Weimar	43,710 (43,557)	.	.	3,78	278,447	47,339	231,108	5,3
Sachsen-Altenburg	16,813 (17,046)	4,76	0,73	5,49	146,447	50,369	96,078	5,7
Sachsen-Meiningen	40,245 (40,341)	4,64	0,49	5,13	314,992	102,856	212,136	5,2
Sachsen-Coburg-Gotha	36,949 (37,115)	4,27	0,18	4,45	506,357	137,371	368,986	9,4 (?)
Schwarzburg-Rudolstadt	17,755 (19,141)	2,93	1,22	4,15	146,455	42,993	103,462	5,8
Schwarzburg-Sondershausen	15,964 (16,774)	.	.	6,22	187,947	55,754	132,193	8,2
Reuß ä. L.	4,608 (4,272)	.	.	.	.	.	.	.
Reuß j. L.	15,689 (17,852)	.	.	.	.	.	.	.
Anhalt	41,968 (42,969)	.	.	.	357,151	122,317	234,834	5,6

Altenburg (Finanzkollegium als Centralbehörde, 3 Oberforstmeister als Betriebsführer, 20 Förster (Revierförster) als ausführende Beamte.

Meiningen (Finanzabtheilung des Staatsministeriums mit 2 oberen Forstbeamten, 5 Forstmeister als Betriebsführer, 47 Förster zur Ausführung).

Coburg-Gotha (Centralleitung durch das Staatsministerium, 4 Forst- meister für Gotha als Verwalter, 32 Revierförster).

Schwarzburg-Rudolstadt (Finanzabtheilung des Ministeriums, 3 Forstmeister, 26 Revierförster).

Schwarzburg-Sondershausen (Finanzabtheilung des Minist. mit 1 Oberforstmeister, 2 Forstmeister, 20 Revierförster).

Beiden Reuß (nähere Nachrichten fehlen)

nach dem Oberförstersysteme nur in

Anhalt (Regierungskollegium, Abth. f. Domainen und Forsten, Ober- förstereien, deren Zahl nicht bekannt ist. Die Forstverwaltnng geht einer Reorganisition entgegen).

Für die Gruppe der sächsisch-thüringischen Kleinstaaten besteht zu Eisenach eine Forstlehranstalt.

XXXIV. Großherzogthum Hessen.

Mit 240,083 H. Waldfläche (31,2% der Gesammtfläche) gehört Hessen zu den waldreichen Theilen von Deutschland. Nach dem Be- sitze vertheilt sich jenes Areal:

Staatswald	Gemeinde- und Stiftungswald	Privatwald
67,396	89,134	83,553

Hektaren,

nach den Holz- und Betriebsarten[1])

Laubholz	Nadelholz	Gemischt Laub-	Mittel und Niederwald
	Hochwald	u. Nadelholz	
49%	31%	7%	13% der Gesammtwaldfläche
117,641	74,426	16,806	31,210 Hektaren.

Der Materialertrag[2]) wird mit 4,8 Festmeter Derbholz pro Hektar angegeben, wovon

---

[1]) Die Prozentziffern sind nach den Maron'schen Angaben berechnet und auch die neue Waldfläche angewendet. Das Resultat ist daher nur als arbitrirt zu betrachten.

[2]) Ertragsziffer pro Hekt. nach Maron berechnet.

0,4 FM. Bau und Nutzholz (?)
4,4 „ Brennholz[1]
der Reinertrag sämmtlicher Waldungen mit 5,5 Thlr. pro Hektar.[2]

Ueber Holzpreise, Holzhandel, Ersatzbrennstoffe fehlen alle Angaben.

Die hessische Staatsforstverwaltung ist nach dem Oberförster-systeme organisirt. Centralbehörde für Betriebsleitung, Forstpolizei und Forsthoheit ist die Oberforst- und Domainen-Direktion (1 Direktor, 6 Räthe, darunter 3 Oberforsträthe); Controlbeamte sind 19 Forst-meister (incl. 2 mit den Forstmeisterfunktionen betraute Privatforst-beamten), Revierverwalter im preußischen Sinne 93 Oberförster.

Die Größe der Forstmeistereien schwankt zwischen 7000 und 15000 H., die der Oberförstereien zwischen 1000 und 3000 H. (excl. Privatwald); die Schutzbezirke gehen bis 750 H. Fläche.

Die Besoldung der Forstmeister beträgt 800—870 Thlr., neben Pferdegeldern und Reisekostenvergütigungen, die der Oberförster 430 bis 540 Thlr. neben einer Dienstaufwands- und Miethsentschädigung von 183 Thlr.

Hessen besitzt in Verbindung mit der Landesuniversität Gießen ein eigenes Forstinstitut.

Ueber die Gemeinde- und Körperschaftsforsten übt der Staat eine absolute Forsthoheit, über die Privatforsten eine nur wenig be-schränkte. Letztere zerfallen in solche I. Kl, welche unter der Verwal-tung technisch gebildeter Beamten stehen und nur einer allgemeinen Staatsoberaufsicht unterliegen und Privatforsten II. Kl. Für letztere besteht ein Verbot der Rodung, Umwandlung und Theilung.

XXXV. Mecklenburg.

Mecklenburg ist bei einer Gesammtfläche von
1,616,560 Hekt.
und 221,516 „ Waldfläche
nur schwach bewaldet (13% der Gesammtfläche)
157,710 H. oder 71%
aller Waldungen befinden sich in den Händen des Staates, bezw. der

---

[1] Das Sortimentsverhältniß auffallend und wahrscheinlich ungenau.

[2] Vergl. Stockhausen, Beiträge zur Forst-, Jagd- und Fischereistatistik des Großherzogthums Hessen. 1859. Angaben ungenau.

beiden großherzoglichen Häuser,[1]) der Rest ist vorwiegend Privat=
wald.[2]) Genaue Angaben fehlen.

Ueber die Vertheilung der Waldfläche nach Holz= und Betriebs=
arten liegen zuverläfſige Nachrichten nicht vor, ebenſo wenig betreffs
der Material= und Gelderträge, der Holzpreiſe, des Holz=
handels. Eine beſchränkte Forſthoheit für den Gemeinde= und
Privatwald ſcheint in Mecklenburg=Strelitz zu beſtehen.

Von der Organiſation der Mecklenburgiſchen Forſtverwaltungen
wiſſen wir wenig. In Mecklenburg=Schwerin beſteht eine Revier=
förſter=Organiſation mit zahlreichen Forſtmeiſtern als Betriebsführern
und Förſtern (Revierförſtern) als Unterbeamten. In Mecklenburg=
Strelitz amtiren 9 Oberförſter unter einem Oberlandforſtmeiſter
(Direktor des Kammer= und Forſtkollegiums in Neuſtrelitz).

XXXVI. Braunſchweig.

Die Waldflächen werden von Leo, wie folgt, angegeben

Staatswald	Gemeindewald	Stiftungswald	Privatwald	Summa
		Hektaren		
80,704	24,697	415	8,704	114,520
70%	22%	—	8%	

die Privatforſten von Uhde noch getrennt in

5,393 H. Gutsforſten,
3,311 „ Privatforſteu.

Das waldreiche (31% der Geſ.=Fl.) Land Braunſchweig iſt ſeit
älteſter Zeit eine Pflanzſtätte guter Waldwirthſchaft geweſen und ſeine
Forſten ſind heute in trefflichem Zuſtande.

Die Flächen der Holz= und Betriebsarten werden von Maron,
wie folgt, angegeben (f. ſämmtliche Waldungen):

Laubholz	Nadelholz Hochwald	Gemiſcht Laub u Nadelholz	Mittel und Niederwald	Pflanz= u. Hutwald
42%	27%	8%	16%	7%
48,098	30,920	9,162	18,323	8,017
		Hektaren.		

---

[1]) Die Ausſcheidung des großherzogl. Hauswaldbeſitzes aus dem Staats=
waldbeſitze hat noch nicht ſtattgefunden.

[2]) Leo, Forſtſtatiſtik S 18 trennt für M.=Schwerin den ſtädtiſchen Waldbeſitz
nicht von dem ritterſchaftlichen (Privat=) Waldeigenthum. Erſterer iſt nichtsdeſto=
weniger vorhanden, z. B. in Roſtock (6,090 Hekt. groß). Vergl. Löffelholz=Col=
berg, Chreſtomathie I. 447.

Die Material= und Gelderträge für die Staatsforsten von demselben Schriftsteller auf

4,5 Festmeter Derbholz,
0,5 „ Stock= u. Reisholz

pro Hektar der Gesammtfläche, sowie auf

3,06 Thlr. Reinertrag

pro Hektar derselben Fläche.

Die Gesammtausgabe betrug pro 1852/56 51% der Gesammt= einnahme.

In Braunschweig besteht eine fast absolute Forsthoheit über den Gemeinde= und Privatwald, welche von den Staatsforstbeamten beförstert werden.

Die nach dem Revierförstersysteme gegliederte Forstverwaltung ressortirt von der Herzoglichen Kammer, Direction der Forsten (1 Direktor, 4 technische, 1 juristisches Mitglied), 10 Oberforstbeamte (Forstmeister oder Oberförster) leiten den Betrieb, 61 Revierförster sind die Ausführungs=Organe.

Die Oberförster haben 800—1000 Thlr. Gehalt, 100 Thlr. fixirte Diäten, Fourage für 2 Pferde, freie Wohnung und Dienstland, die Revierförster 500—600 Thlr. Gehalt, freie Wohnung, Dienstland, Fourage für 1 Pferd, 100 Thlr. für Haltung eines Revierjägers, Deputatholz.

Braunschweig besitzt in Verbindung mit dem Polytechnikum in der Hauptstadt des Landes ein eigenes Forstinstitut.

XXXVII. Waldeck und Lippe.

Waldeck mit fast 40% Wald gehört zu den waldreichsten Ländern Deutschlands, Lippe=Detmold mit 30% Bewaldung zu den stark be= waldeten, Lippe=Schaumburg mit 20% Wald zu den schwach bewaldeten.

Der Staatswaldbesitz ist iu den drei Ländchen stark vertreten, in Lippe=Schaumburg mit 93%, in Waldeck mit 64, in Lippe=Detmold mit 54% der Gesammtwaldfläche.

In Waldeck[1]) sind 80% der Gesammtwaldfläche Hochwald und 20% Mittel= und Niederwald und zwar

Laubholz	Nadelholz	Mittel= und Niederwald	Summe
31,973	3,553		
35,526 H. Hochwald		8,881	44,407

Hektaren,

---

[1]) Ungenaue Angaben.

in Lippe=Detmold 90% Hochwald, 10% Mittel= und Niederwald und zwar

Laubholz	Nadelholz	Mittel= und Niederwald	Summe
27,182	3,360		
30,542 H. Hochwald		3,394	33,936

Für Lippe=Schaumburg fehlen die Angaben.

Das über Erträge der Forsten in Waldeck und Lippe vorhandene Material ist mangelhaft und unzuverlässig, daher hier übergangen.

Die Forstverwaltung ist nach dem Oberförstersystem organisirt in Lippe=Detmold (Forstdirection mit einem Forstmeister als Ab= theilungsdirigenten, 10 Oberförstereien, 45 Schutzbezirke), nach dem Revierförstersystem in

Waldeck (Landesregierung, Abtheilung für Domainen und Forsten, mit 2 Oberforstbeamten, 3 Kreisforstinspektoren, 22 Revierförster).

Ueber Lippe=Schaumburg und die dortige Forst=Organisation ist seither Nichts bekannt geworden. In Waldeck[1]) besteht eine be= schränkte Forsthoheit über alle Waldungen (Rodungs= und Devasta= tions=Verbot, Zwang der Nachhaltigkeit).

Eine nur ganz allgemeine Oberaufsicht besteht in Lippe=Detmold. Ueber Lippe=Schaumburg fehlen die Angaben.

Die beiden Ländchen Lippe gehören zu den wildreichsten Theilen von Deutschland. In Lippe=Detmold besteht das Jagdregal noch heute[2]). In Waldeck ist der Wildstand ein sehr mäßiger.

XXXVIII. Oldenburg und die Hansestädte.

Oldenburg gehört zu den waldleersten Theilen von Deutschland. Nur 7% seiner Gesammtfläche ist Waldland. Stark bewaldet ist da= gegen Birkenfeld.

Staats= und Privatwaldbesitz (42 und 44%) überwiegen, Gemeinde= waldungen sind wenige vorhanden (14% aller Waldungen).

Der Waldbesitz der Hansestädte ist ein sehr geringer und überhaupt nur deshalb speziell aufzuführen, weil diese Städte noch immer selbst= ständige Staatswesen bilden.

In den oldenburgischen Staatswaldungen überwiegt das Laubholz im Fürstenthum Birkenfeld, das Nadelholz im Herzogthum Oldenburg

---

[1]) Forstordnung vom 21. November 1853.
[2]) Im Lippeschen Walde wird ein Rothwildstand von 600 Stück unterhalten.

und Fürstenthum Lübeck. Nähere Angaben fehlen. Die Maronschen Flächen der Holz= und Betriebsarten sind gänzlich unzuverlässig.

Im Herzogthum Oldenburg besteht eine unbeschränkte Forsthoheit über alle nichtadeligen und aus Eichen und Buchen bestehende Körper= schafts= und Privatforsten; im Fürstenthum Lübeck besteht eine solche nicht. Im Fürstenthum Birkenfeld werden alle Gemeindewaldungen vom Staate beförstert, die Privatforsten sind frei und nur betreffs der Anstellung ihrer Beamten an die Genehmigung der Regierung ge= bunden.

In den Gebieten der Hansestädte besteht eine Forsthoheit nicht.

In Oldenburg ist die Forstverwaltung nach dem Revierförstersystem organisirt. Unter der großherzoglichen Kammer, von welcher die Forst= direction eine Abtheilung bildet, stehen im Herzogthum Oldenburg 5 Oberförster als betriebsführende Forstinspektionsbeamte und 11 Förster als ausführende Revierbeamte, im Fürstenthum Lübeck 2 Oberförster und 6 Förster, im Fürstenthum Birkenfeld 1 Forstmeister (bei der Regierung in Birkenfeld), 2 Oberförster, 14 Förster.

Von den Hansestädten hat Hamburg allein eine geordnete Forst= verwaltung, bestehend aus 1 Oberförster, 1 Förster u. 3 Holzvögten.

XXXIX. Reichsland Elfaß=Lothringen.

Bei einer Gesammtfläche von 1,449,800 H. sind in Elfaß=Loth= ringen 451,313 H. Wald vorhanden, also 31,1% der Gesammtfläche ist bewaldet.

Nach den Besitzkategorien (vergl. Tafel XXXVI.) vertheilt sich der Waldbesitz in

$$\begin{array}{ll}\text{Staatswald} & 150{,}945 \\ \text{Gemeinde= und Institutenwald} & 200{,}367 \\ \text{Privatwald ca.} & 100.000.\end{array}$$

Ueber die Vertheilung der Waldfläche nach Holz= und Betriebs= arten fehlt es zur Zeit noch an genauen Angaben für das ganze Reichsland. Für die Staatsforsten des Bezirks Deutsch=Lothringen sind dieselben von mir ziemlich genau zusammengestellt.[1]

Es sind von der Gesammtfläche derselben bestanden mit

Hochwald				Mittelwald u. Niederwald
Eiche	Buche	Gemischt	Nadelholz	
11%	24%	36%	16%	12%

---

[1] Die forstlichen Verhältnisse von Deutsch=Lothringen. Berlin bei Springer. 1871 S. 36 ff.

Tafel XXXVI.

Staats- und Gemeinde-Waldungen in Elsaß-Lothringen.

Nach amtlichen Materialien.

Forst-directions-Bezirk	Forst-inspections-Bezirk	Zahl der Oberförstereien	Zahl der Forstschutzbezirke	Flächen-Inhalt der unter Verwaltung der Staatsforstbeamten stehenden Waldungen			Durchschnittliche Fläche der	
				Staatswald und ungetheilter Wald	Gemeindewald	Zusammen	Forstreviere	Schutzbezirke
				Hektaren			Hektaren	
1	2	3	4	5			6	
Colmar	Mühlhausen	5	78	14,487	16,361	30,848	6,170	.
	Colmar-Süd	6	81	3,320	30,484 30	33,834	5,639	.
	Colmar-Nord	6	89	2,717	33,961 118	36,796	6,133	.
Zusammen		17	248	20,524	80,806 148	101,478	.	409 .
Straßburg	Schlettstadt	6	91	4,885	26,490 135	31,508	5,251	.
	Straßburg	5	66	9,950	15,308	25,257	5,051	.
	Zabern	5	55	19,673 512	7,055 49	27,289	5,458	.
	Hagenau	6	87	3,247 16,717	15,177 617	35,758	5,959	.
	Bitsch	5	47	22,531	5,716	28,247	5,649	.
Zusammen		27	346	77,513	70,546	148,059	.	428
Metz	Saarburg	5	53	26,873	3,531	30,404	6,081	.
	Saargemünd	5	67	10,263	17,144 1	27,408	5,481	.
	Metz	4	45	7,891 154	8,637 963	17,645	4,411	.
	Diedenhofen	5	63	7,727	18,591	26,318	5,264	.
Zusammen		19	228	52,908	48,867	101,775	.	446
Staat		63	822	150,945	200,367	351,312	5,576	.

Nach den Fraktionen de 1866/68 ergiebt sich für Deutsch=Lothringen eine jährliche Materialabnutzung von 4,2 Festmeter, eine erndtekostenfreie Geldeinnahme für Holz von 9,5 Thlr., ein Gesammt=Brutto=Ertrag von 10,4 Thlr. pro Hektar. Sehr günstige Absatzverhältnisse, reichlich entwickelte Industrie, ein wohlgegliedertes System von Eisenbahnen und Wasserstraßen sichern eine hohe Waldrente bei hohen Holzpreisen und stark entwickelten Holzgewerben (Sägemühlenbetrieb).

Die Forsten des Reichslandes sind zum großen Theile Gebirgsforsten und gehören dem Systeme des Wasgaugebirges an. Hier herrschen Eiche und Buche in den Bezirken Metz und Straßburg, die Tanne im Bezirke Colmar. Die Hügelländer Deutsch=Lothringens tragen zumeist Mittelwälder, in welchen Eiche und Buche dominiren und welche großentheils zur Umwandlung in Hochwald bestimmt sind. In der Rheinebene tritt neben ihnen die Kiefer auf dem leichteren Boden bestandsbildend auf (Hagenauer Wald).

In den Bezirken Straßburg und Metz überwiegt der Staatswald, im Bezirke Colmar weitaus der Gemeindewald.

Die Organisation der Forstverwaltung im Reichslande ist nur in ihren Grundzügen bisher bekannt geworden. Nach dem bis jetzt zugänglichen Materiale wird an die Stelle des französischen Revierförstersystems das Oberförstersystem treten[1]).

Dem Reiche steht nach dem im Reichslande geltenden Rechte die absolute Forsthoheit über den Gemeinde= und Institutenwald, eine beschränkte über den Privatwald zu (Rodungsverbot, Bestätigung der Beamten).

---

[1]) 1 Forstdirektor als technischer Chef, zugleich Vorsitzender der Forstdirektion Straßburg (Rath III. Kl.), 2 Oberforstmeister zu Colmar und Metz (Vorsteher der beiden Forstdirektionen für Oberelsaß und Deutsch-Lothringen, im Range der Oberregierungsräthe), 10 Forstmeister (Räthe IV. Kl.), 63 Oberförster (im Range der Assessoren), sämmtliche Beamte mit sehr liberal bemessenen Gehältern.

Buchdruckerei von Gustav Lange (Otto Lange) in Berlin, Friedrichsstraße 103.